全国高等职业教育技能型紧缺人才培养培训推荐教材

砌体结构工程施工

（建筑工程技术专业）

本教材编审委员会组织编写

主　编　姚谨英
主　审　王作兴

U0296329

中国建筑工业出版社

图书在版编目（CIP）数据

砌体结构工程施工/姚谨英主编．—北京：中国建筑工
业出版社，2005

全国高等职业教育技能型紧缺人才培养培训推荐教材．
建筑工程技术专业

ISBN 978-7-112-07167-8

Ⅰ．砌…　Ⅱ．姚…　Ⅲ．砌块结构－工程施工－高
等学校：技术学校－教材　Ⅳ．TU36

中国版本图书馆 CIP 数据核字（2005）第 056895 号

全国高等职业教育技能型紧缺人才培养培训推荐教材

砌体结构工程施工

（建筑工程技术专业）

本教材编审委员会组织编写

主编　姚谨英

主审　王作兴

*

中国建筑工业出版社出版、发行（北京西郊百万庄）
各地新华书店、建筑书店经销
廊坊市海涛印刷有限公司印刷

*

开本：787×1092毫米　1/16　印张：$10\frac{1}{2}$　字数：252千字
2005年7月第一版　　2015年9月第十次印刷

定价：**19.00**元

ISBN 978-7-112-07167-8

(21049)

本书根据教育部和建设部联合制定的"高等职业教育建设行业技能型紧缺人才培养培训指导方案"的要求，由全国土建学科高等职业教育专业委员会统一组织编写。本书主要内容包括：砌体墙的构造、砌体结构基本构件计算、砌体结构工程施工图的识读、砌体结构施工、砌体结构施工方案、砌体结构质量标准及检验、砌体结构施工的安全技术、砌体结构季节性施工等。

　　本书可作为高等职业院校建筑工程技术专业两年制教材，也可供相关技术人员参考使用。

＊　　＊　　＊

　　责任编辑：吉万旺
　　责任设计：郑秋菊
　　责任校对：王雪竹　关　健

本教材编审委员会名单

主 任 委 员：张其光

副主任委员：杜国城　陈　付　沈元勤

委　　　员（按姓氏笔画为序）：

丁天庭　王作兴　刘建军　朱首明　杨太生　杜　军

李顺秋　李　辉　施广德　胡兴福　项建国　赵　研

郝　俊　姚谨英　廖品槐　魏鸿汉

序

改革开放以来，我国建筑业蓬勃发展，已成为国民经济的支柱产业。随着城市化进程的加快、建筑领域的科技进步、市场竞争的日趋激烈，急需大批建筑技术人才。人才紧缺已成为制约建筑业全面协调可持续发展的严重障碍。

面对我国建筑业发展的新形势，为深入贯彻落实《中共中央、国务院关于进一步加强人才工作的决定》精神，2004年10月，教育部、建设部联合印发了《关于实施职业院校建设行业技能型紧缺人才培养培训工程的通知》，确定在建筑施工、建筑装饰、建筑设备和建筑智能化等四个专业领域实施技能型紧缺人才培养培训工程，全国有71所高等职业技术学院、94所中等职业学校、702个主要合作企业被列为示范性培养培训基地，通过构建校企合作培养培训人才的机制，优化教学与实训过程，探索新的办学模式。这项培养培训工程的实施，充分体现了教育部、建设部大力推进职业教育改革和发展的办学理念，有利于职业院校从建设行业人才市场的实际需要出发，以素质为基础，以能力为本位，以就业为导向，加快培养建设行业一线迫切需要的高技能人才。

为配合技能型紧缺人才培养培训工程的实施，满足教学急需，中国建筑工业出版社在跟踪"高等职业教育建设行业技能型紧缺人才培养培训指导方案"编审过程中，广泛征求有关专家对配套教材建设的意见，组织了一大批具有丰富实践经验和教学经验的专家和骨干教师，编写了高等职业教育技能型紧缺人才培养培训"建筑工程技术"、"建筑装饰工程技术"、"建筑设备工程技术"、"楼宇智能化工程技术"4个专业的系列教材。我们希望这4个专业的系列教材对有关院校实施技能型紧缺人才的培养培训具有一定的指导作用。同时，也希望各院校在实施技能型紧缺人才培养培训工作中，有何意见及建议及时反馈给我们。

建设部人事教育司

2005 年 5 月 30 日

前　　言

本教材是根据教育部和建设部联合制定的"高等职业教育技能型紧缺人才培养培训指导方案"要求，由全国土建学科高等职业教育专业委员会统一组织，按最新的规范、规程、标准编写。本书打破了原有教材的结构体系，采用灵活的模块式课程结构，以满足学习者的不同需要，为技能型紧缺人才培养和项目教学方法而编写。本书介绍了砌体结构工程的建筑构造，结构基本构件计算方法及构造要求，建筑、结构施工图的识读方法；砌体结构工程的施工方法，施工机械的选用，施工方案的编制方法，施工质量标准及检验方法，施工安全技术及季节性施工方法等内容。为了加强"规范意识"的培养，在施工质量标准及检验方法中的规范强制性条文采用黑体字排印。

编写中，力求突出职业教育的特色，以提高学生技术应用能力和技术服务能力为出发点。贯彻以全面素质为基础，以能力为本位；以企业需求为基本依据，以就业为导向；以适应企业技术发展，体现教学内容的先进性和前瞻性；以学生为主体，体现教学组织的科学性和灵活性的原则。本书不仅适应高等职业学校的学历教育，而且适应在职人员更新知识和提高技能的需要。本教材主要作为建筑施工专业的专业教材及岗位培训教材，也可作为土建工程技术人员的参考用书。

本书由姚谨英任主编，编写第4、5单元，四川绵阳职业技术学院肖伦兵编写第1、2、3单元，第6、7、8单元由姚谨英与四川华西集团周锦城共同编写。

徐州职业技术学院王作兴担任本书的主审，他对本书做了认真细致的审阅，对保证本书编写质量提出了不少建设性意见，在此，编者表示衷心感谢。

四川绵阳水利电力学校姚晓霞在本书编写中负责录入、整理、校对等工作，在此一并表示感谢。

本书是职业技术教材改革的一次尝试，限于编者的水平，难免有错漏之处，敬请广大读者批评指正。

目　录

单元1　砌体结构的构造 ………………………………………………………………… 1
　　课题1　墙体的作用和设计要求 …………………………………………………… 1
　　课题2　砖墙的构造 ………………………………………………………………… 4
　　课题3　砌块墙的构造 ……………………………………………………………… 12
　　课题4　块材隔墙的构造 …………………………………………………………… 15
　　复习思考题 ………………………………………………………………………… 17
单元2　砌体结构基本构件计算 ………………………………………………………… 18
　　课题1　砌体的力学性能 …………………………………………………………… 18
　　课题2　无筋砌体承载力计算 ……………………………………………………… 23
　　课题3　砌体结构及构件的构造要求 ……………………………………………… 36
　　习题 ………………………………………………………………………………… 44
单元3　砌体结构工程施工图的识读 …………………………………………………… 47
　　课题1　建筑施工图的基本知识 …………………………………………………… 47
　　课题2　建筑施工图 ………………………………………………………………… 51
　　课题3　结构施工图 ………………………………………………………………… 60
　　课程实训　建筑工程施工图的识读 ……………………………………………… 65
单元4　砌体结构施工 …………………………………………………………………… 83
　　课题1　砌筑施工常用施工机械及工具 …………………………………………… 83
　　课题2　砌筑脚手架 ………………………………………………………………… 89
　　课题3　砌筑材料的制备 …………………………………………………………… 97
　　课题4　砌体结构的施工方法 ……………………………………………………… 102
　　复习思考题 ………………………………………………………………………… 111
单元5　砌体结构施工方案 ……………………………………………………………… 113
　　课题1　砌体结构的主要施工机械的选择 ………………………………………… 113
　　课题2　砌体结构的施工方法 ……………………………………………………… 114
　　课题3　砌体结构的质量、安全保证措施 ………………………………………… 119
　　课题4　施工方案案例 ……………………………………………………………… 121
　　复习思考题 ………………………………………………………………………… 131
单元6　砌体结构质量标准及检验 ……………………………………………………… 132
　　课题1　砖砌体的质量标准及检验方法 …………………………………………… 132
　　课题2　砌块砌体的质量标准及检验方法 ………………………………………… 141
　　复习思考题 ………………………………………………………………………… 143
单元7　砌体结构施工的安全技术 ……………………………………………………… 144
　　课题1　脚手架的安全技术及防护措施 …………………………………………… 144
　　课题2　砌筑工程的安全技术及防护措施 ………………………………………… 145

　　复习思考题 ………………………………………………………… 148

单元8　砌体结构季节性施工 ………………………………………… 150

　　课题1　砌体结构冬期施工 …………………………………………… 150

　　课题2　砌体结构雨期施工措施 ……………………………………… 155

　　课题3　砌体结构夏期施工措施 ……………………………………… 157

　　复习思考题 ………………………………………………………… 157

参考文献 ……………………………………………………………… 158

单元 1　砌体结构的构造

知 识 点：墙体的作用和设计要求；砖墙的构造；砌块墙的构造；块材隔墙的构造。

教学目的：掌握砖墙的构造、隔墙的构造；了解墙体的作用和设计要求；识读并绘制墙身详图。

课题 1　墙体的作用和设计要求

墙是建筑物的重要组成部分。在一般民用建筑中，墙体的重量约占建筑物总重量的40%～65%，其造价约占工程总造价的30%～40%。由于砌块易于生产和施工、造价低廉等原因，使之至今仍成为我国墙体的主导材料。

1.1　墙 体 的 作 用

墙体具有承重、围护和分隔的作用。墙体承受楼（屋面）板传来的荷载、自重荷载和风荷载的作用，要求其具有足够的承载力和稳定性；外墙起着抵御自然界各种因素对室内侵袭的作用，要求其具有保温、隔热、防风、挡雨等方面的能力；内墙把房屋内部划分为若干房间和使用空间，起着分隔的作用。

1.2　墙 体 的 设 计 要 求

根据功能要求，经济合理地选择墙体材料，确定其厚度和构造措施，保证墙体合理使用，是墙体设计的基本任务。其具体要求是：

1.2.1　满足承载力和稳定性要求

墙体的承载力取决于墙体所用的材料；墙体的稳定性则与墙的高度、长度、厚度有关。在设计墙体时，首先应确定墙体的厚度。当设计的墙厚不能满足要求时，常采用提高材料强度、增设墙垛、壁柱、圈梁等措施来增加墙体的稳定性。

1.2.2　满足保温、隔热、隔声、防火等要求

1. 保温要求

墙体应具有足够的保温能力，以减少室内热量损失，避免室温过低，防止空气中的水蒸气在墙的内表面或内部凝结。通常可采取以下构造措施来满足保温要求：

（1）增加墙体的厚度。墙的保温能力与墙的厚度成正比，室内外温差越大，墙就越厚。增加墙的厚度能提高墙的内表温度，减少墙内表面与室内空气的温差，减少水蒸气在墙的内部及内表面凝结的可能性。

（2）选择导热系数小的材料砌墙。要增加墙体的保温性能，通常选用导热系数小的材料，如泡沫混凝土、加气混凝土、陶粒混凝土、膨胀珍珠岩混凝土、浮石混凝土等材料砌墙。当采用几种不同材料层组砌时，把导热系数小的材料放在低温一侧，导热系数大的材

料放在高温一侧。

（3）设置隔汽层等构造措施。冬季，由于外墙两侧存在温度差，高温一侧的水蒸气随着空气一同向外渗透，遇到低温界面时则会凝结，从而使墙的内部产生凝结水，大大地降低了墙体的保温效果。为了防止墙体内部产生凝结，常在墙体高温一侧，设置一道隔汽层。隔汽层一般采用的沥青、卷材、隔汽涂料、铝箔等防潮、防水材料。

2. 隔热要求

墙体应具有隔热能力，以减少太阳辐射热传入室内，避免夏季室内过热。常采用导热系数小的材料砌墙、在墙中设置空气间层、墙表面刷浅色涂料等的构造措施。

3. 隔声要求

墙体应具有隔声的能力，以保证安静的工作和休息环境。常采用面密度大的材料砌筑、加大墙体的厚度、在墙中设置空气间层等构造措施。对一般无特殊隔声要求的建筑，双面抹灰的半砖墙已基本满足分隔墙的隔声要求。

4. 防火要求

墙体应具有防火的能力，墙体材料及墙的厚度，应符合防火规范规定的燃烧性能和耐火极限的要求。在较大的建筑和重要的建筑中，还应按规定设置防火墙，将房屋分成若干段，以防止火灾蔓延。

1.2.3 减轻自重、降低造价

发展轻质高强的墙体材料，是建筑材料发展的总体趋势。在进行墙的构造设计时，应力求选用密度小、强度较大的材料。

1.2.4 适应建筑工业化的生产要求

要逐步改革以普通黏土砖为主的砌块材料，发展预制装配式墙体材料，为生产工厂化、施工机械化创造条件。

1.3 墙体的类型

由于墙所在的位置、作用和采用的材料不同而具有不同的类型。

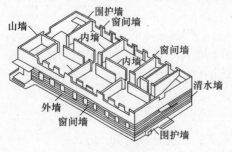

图 1-1 墙体各部名称

1.3.1 按平面上所处位置不同分

按平面上所处位置的不同，有内墙和外墙之分。具体又可细分为外横墙（又称山墙）、内横墙、外纵墙（又称檐墙）、内纵墙等，见图 1-1 所示。

1.3.2 按结构受力情况不同分

按结构受力情况的不同，有承重墙和非承重墙之分。

（1）承重墙：直接承受上部传来荷载的墙称承重墙。

（2）非承重墙：凡不承受外来荷载的墙称非承重墙。非承重墙又分为自承重墙和隔墙。

1）自承重墙：凡不承受外来荷载，仅承受自身重量的墙称自承重墙。

2）隔墙：自身重量也由楼板和梁承受的墙称隔墙。

1.3.3 按墙体所用的材料和制品不同分

按墙体所用材料和制品的不同分为砖墙、石墙、砌块墙、板材墙等。

1.4 墙体的承重方案

墙体的承重方案有横墙承重、纵墙承重、纵横墙混合承重和部分框架承重四种承重方案，见图 1-2 所示。

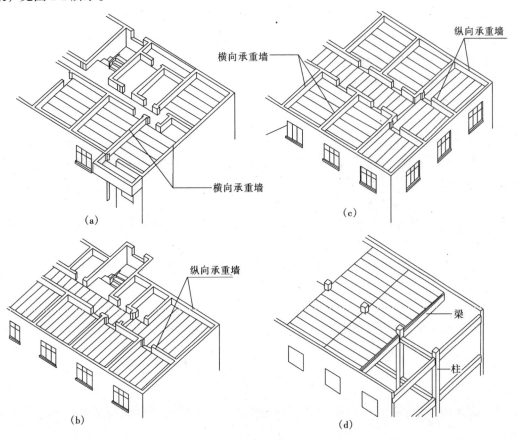

图 1-2 墙体结构布置方案

（a）横墙承重；（b）纵墙承重构；（c）纵横墙混合承重；（d）部分框架结构承重

1.4.1 横墙承重

横墙承重方案中，楼板、屋面板的荷载均由横墙承受，纵墙只起纵向稳定、围护、承自重作用。横墙承重方案适用于横墙较多，房间较小，如住宅、宿舍等居住建筑。

横墙承重方案的特点：

1. 横墙是承重墙，纵墙仅起围护和拉结的作用，因此建筑物开间尺寸不够灵活，但在外纵墙上开洞较为方便。

2. 由于横墙间距小，又有纵墙拉结，因此，建筑物的整体性好，空间刚度较大。

3. 横墙承重方案中楼板及屋面板是沿房间短向布置，因此经济合理，施工方便。

1.4.2 纵墙承重

纵墙承重方案中，楼板、屋面板的荷载均由纵墙承受，横墙只起分隔房间和横向稳定的作用。适用于房间大，横墙少，如办公楼、医院、教学楼、食堂及单层厂房等建筑。

纵墙承重方案的特点：

1. 由于纵墙为承重墙，因此在纵墙上门窗洞口的开设受到限制。

2. 横墙间距较大，房间平面布置较为灵活，但是整体刚度较差。

1.4.3 纵横墙混合承重方案

纵横墙混合承重方案中，楼板、屋面板的荷载由横墙和纵墙共同承受。适用于房屋开间较大、进深尺寸较大，房间类型较多及平面复杂的建筑，如教学楼等。

纵横墙混合承重方案的特点：

1. 平面布置较为灵活，房屋刚度较好。

2. 水平承重构件类型多，施工复杂。

1.4.4 部分框架承重（内部框架承重）

部分框架承重（内部框架承重）方案中，采用墙体和钢筋混凝土梁、柱组成的框架共同承受楼板层和屋顶的荷载。这时，梁的一端搁置在柱上，而另一端则搁置在墙上。这种方案适用于商场、多层及单层工业厂房、食堂和仓库等建筑。

部分框架承重方案的特点：

1. 外墙起承重和围护的作用，内框架承重体系较钢筋混凝土全框架承重体系造价低、施工方便。

2. 横墙数量较少，室内空间较大，容易满足建筑使用要求，但是空间刚度不足，对抗震不利。

课题 2 砖 墙 的 构 造

2.1 砖 墙 的 材 料

砖墙是用砂浆把砖按一定规律砌筑而成的砌体。因此，砖和砂浆是砖砌体的主要材料。

2.1.1 砖

1. 砖的分类

砖是砌筑用的小型块材，按生产工艺可分为烧结砖和非烧结砖；按砖的孔洞率、孔的尺寸大小和数量又可分为普通砖、多孔砖和空心砖。

（1）普通砖

将规格为 240mm×115mm×53mm 的无孔或孔洞率小于 15% 的砖称为普通砖。

普通砖有经过焙烧的黏土砖、页岩砖、粉煤灰砖、煤矸石砖和不经过焙烧的粉煤灰砖、炉渣砖、灰砂砖等（图 1-3）。

普通黏土砖是我国传统的建筑材料，由于取材方便，易于生产和施工，受到普遍应用。它是以黏土为主要原料，经过成型、干燥、焙烧而成的砖。

普通砖的规格是以（砖厚 + 灰缝）:（砖宽 + 灰缝）:（砖长 + 灰缝）为 1:2:4 的基本原则制定的。普通标准砖的进级尺寸为（240 + 10）= 250mm，与我国现行模数中的 M = 100mm 的基本模数不一致，因此，在设计构件尺寸时或在砖墙上开设洞口时，须注意标准砖的这一特性。

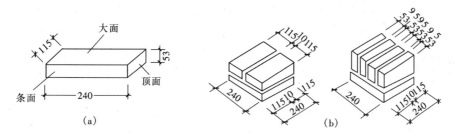

图 1-3　普通砖的尺寸及其尺寸关系
(a) 标准砖的尺寸；(b) 标准砖组合尺寸关系

(2) 多孔砖

多孔砖常指内孔径不大于 22mm，孔洞率不小于 15%，孔的尺寸小而数量多的砖。多孔砖有 190mm×190mm×90mm 和 240mm×115mm×90mm 两种（图 1-4）。

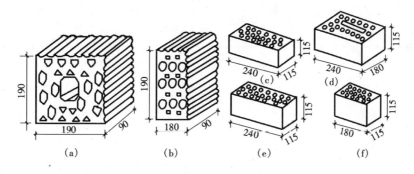

图 1-4　多孔砖的规格尺寸及孔洞形式
(a) KM1 型；(b) KM1 型配砖；(c) KP1 型；(d) KP2 型；(e)、(f) KP2 型配砖

(3) 空心砖

空心砖是指孔洞率不小于 15%，孔的尺寸大而数量少的砖。空心砖有 240mm×115mm×90mm、240mm×180mm×115mm（或 90mm）、240mm×240mm×115mm（或 90mm）等多种规格。

多孔砖和空心砖与普通砖相比，可使建筑自重减轻 1/3 左右，节约黏土 20%～30%，节省燃料 10%～20%，施工效率提高 40%，并能改善砖的隔热和隔声性能，在相同的热工性能要求下，用空心砖砌筑的墙体厚度可减少半砖左右。因此，推广使用多孔砖、空心砖，并用以代替普通砖，这是加快我国墙体改革的重要措施之一。

2. 砖的强度等级

砖的强度等级是根据其抗压强度和抗折强度测定的，共分为 MU30、MU25、MU20、MU15、MU10 五个强度等级。

2.1.2　砂浆

1. 砂浆的分类

砂浆是由胶凝材料（水泥、石灰、石膏等）、填充材料（砂、矿渣等）和水所组成的混合物。与混凝土相比，砂浆又称为无骨料混凝土。

根据用途，砂浆分为砌筑砂浆、抹面砂浆、装饰砂浆及特种砂浆。

根据胶结材料的不同可分为水泥砂浆、石灰砂浆、混合砂浆和聚合物水泥砂浆。

砌筑砂浆的作用是将分散的砖块胶结为整体，使砖块垫平，将砖块间的空隙填塞密实，便于上层砖块所承受的荷载能传递至下层砖块，以保证砌体的强度，同时也能提高砖墙砌体的稳定性和抗震性。

2. 砂浆的强度等级

砂浆的强度等级是根据砂浆立方体抗压强度测定的，共分为 M15、M10、M7.5、M5、M2.5 五个等级。

2.1.3　砖墙的材料选用

1. 墙厚名称

墙厚的名称习惯以砖长的倍数来称呼，根据砖块的尺寸和数量可组合成不同厚度的墙体，见表 1-1 所示。

墙 厚 名 称　　　　　　　　　　　　　　表 1-1

墙厚名称	习惯称呼	标志尺寸（mm）	构造尺寸（mm）	墙厚名称	习惯称呼	标志尺寸（mm）	构造尺寸（mm）
半砖墙	12 墙	120	115	一砖半墙	37 墙	370	365
3/4 砖墙	18 墙	180	178	二砖墙	49 墙	490	490
一砖墙	24 墙	240	240	二砖半墙	62 墙	620	615

2. 砖墙的承载力

砖墙的承载力取决于砖和砂浆的强度。砖的强度在砖墙的承载力中的作用比砂浆的作用大，在工程实践中易优先采用提高砖的强度的办法来提高砌体的强度。

3. 砖墙的材料选用

砖墙所用的砖和砂浆，主要应根据承载能力、耐久性以及保温、隔热等要求选择。要根据各地可能提供的砖和砂浆材料，按技术经济指标较好、符合施工条件的原则确定。

对于一般房屋，承重墙用的砖，强度等级常采用 MU10、MU7.5；砂浆一般采用 M5、M7.5；受力较大的部位可采用 M10。

2.2　砖墙的细部构造

2.2.1　勒脚

外墙与室外地面结合部位的构造做法称勒脚。

1. 勒脚的作用：一是保护墙脚不受外界雨、雪的侵蚀；二是加固墙身，防止各种机械碰撞；三是对建筑物的立面处理产生一定的效果。

2. 勒脚的高度：主要取决于防止地面水上溅和室内地潮的影响，并适当考虑立面造型的要求，常与室内地面齐平。有时，为了考虑立面处理的需要，也可将勒脚做到与第一层窗台齐平。

3. 勒脚的构造做法：勒脚的构造做法常有以下几种（见图 1-5）：

（1）抹 20～30mm 厚水泥砂浆或做水刷石；

（2）选用既防水又坚实的天然石材砌筑；

（3）镶贴天然石材等防水和耐久材料；

（4）将墙体加厚 60～120mm，再抹水泥砂浆或做水刷石。

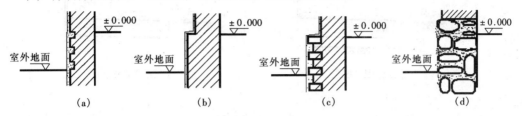

图 1-5　勒脚构造

（a）抹水泥砂浆或水刷石；（b）墙体加厚并抹灰；（c）镶砌石材；（d）石材砌筑

2.2.2　墙身防潮层

墙身水平防潮层应设置在室外地面以上，底层室内地面以下 60mm 处；当底层内墙两侧房间室内地面有高差时，水平防潮层应设置两道，分别为两侧地面以下 60mm，并在两道防潮层之间较高地面一侧加设一道竖向防潮层（见图 1-6）。防潮层应连续设置，不得间断。

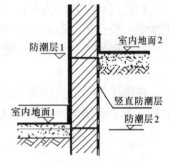

1. 墙身防潮层的作用：防止地下潮气及地表积水对墙体的侵蚀而设置连续的水平阻水层。

2. 墙身防潮层的构造做法：水平防潮层的构造做法常有以下几种：

（1）油毡防潮层：在防潮层部位抹 20mm 厚水泥砂浆找平层，找平层上干铺一层油毡或实铺油毡（一毡二油）。由于破坏了墙的整体性，不能用于地震区。

图 1-6　墙身防潮层构造

（2）砂浆防潮层：在防潮层部位抹 25mm 厚 1:2 或 1:2.5 水泥砂浆，加入水泥用量的 3%～5% 的防水剂。

（3）细石混凝土防潮层：在防潮层部位采用 60mm 厚与墙等宽的细石混凝土带，内配 $3\phi6$ 或 $3\phi8$ 钢筋。

2.2.3　散水

把外墙四周的排水坡称为散水。

1. 作用：把由屋面下泻的无组织雨水排至墙脚以外，使墙基不受雨水的侵蚀。

2. 宽度和坡度：散水坡度一般为 3%～5%，宽一般不小于 600mm，当屋顶有出檐时，其宽度较出檐大 150～200mm。

3. 构造做法：散水可用混凝土、砖、块石等材料。当散水材料采用混凝土时，散水每隔 6～12m 应设伸缩缝，伸缩缝及散水与外墙接缝处，均应用热沥青填充（其构造做法见图 1-7）。

2.2.4　明沟

把外墙四周或散水四周的排水沟称为明沟（或阳沟）。

1. 作用：将屋面雨水有组织地导向集水井，排入地下排水道。

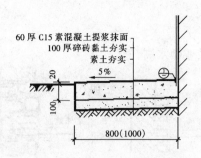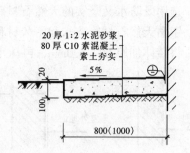

图 1-7　散水构造

2. 坡度：明沟纵向坡度不小于 1%。

3. 构造做法：明沟可用混凝土、砖、块石等材料砌筑，通常用混凝土浇筑成宽 180mm、深 150mm 的沟槽，外抹水泥砂浆。

2.2.5　门窗过梁

门窗过梁是指门窗洞口上的横梁，其作用是支撑洞口上砌体的重量和搁置在洞口砌体上的梁、板传来的荷载，并将这些荷载传递给墙体。

过梁的种类较多，目前常用的有砖砌平拱过梁、钢筋砖过梁和钢筋混凝土过梁三类。

1. 砖砌平拱过梁

砖砌平拱过梁又称平碹，是我国砖石工程中的一种传统作法，它是用砖立砌或侧砌成对称于中心而倾向两边的拱（见图 1-8）。

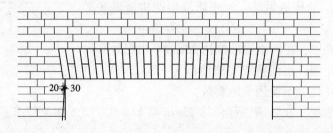

图 1-8　砖砌平拱

（1）构造做法：

砌筑：砖立砌或侧砌；

伸入长度：两端伸入墙内 20～30mm；

灰缝：灰缝上宽下窄，最宽不大于 20mm，最窄不小于 5mm；

起拱：中部砖块提高约为跨度的 1/100，待受力下陷后恰成水平。

（2）跨度和高度：

砖砌平拱过梁的跨度一般为 1.5m 以下，过梁的高度不应小于240mm。

（3）注意事项：

砖砌平拱过梁的洞口两侧均应有一定宽度的砌体，以承受拱传来的水平推力。

砖砌平拱过梁不得用于有较大振动荷载或地基可能产生不均匀沉陷的房屋。

2. 钢筋砖过梁

钢筋砖过梁是在砖缝内配置钢筋的砖平砌过梁（见图1-9）。

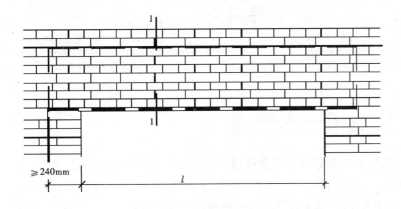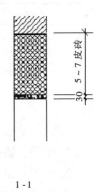

图 1-9　钢筋砖过梁

（1）构造做法：

砌筑：过梁底的第一皮砖以丁砌为宜，用不低于 M5 的砂浆砌筑；

钢筋：每 120mm 墙厚不少于 1φ5 的钢筋常放在第一皮砖下的砂浆层内，砂浆厚 30mm；钢筋伸入墙内至少 240mm，并加弯钩。

（2）跨度和高度：钢筋砖过梁的跨度一般为 2m 以下，过梁的高度不应小于 5 皮砖，同时不小于洞口跨度的 1/5。

3．钢筋混凝土过梁

当门窗洞口的宽度较大或洞口上出现集中荷载时，常采用钢筋混凝土过梁（见图 1-10）。

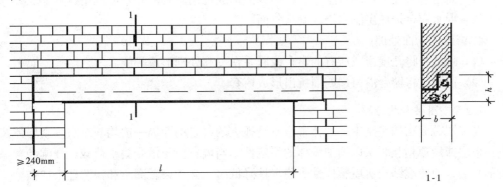

图 1-10　钢筋混凝土过梁

（1）种类：钢筋混凝土过梁根据施工方法的不同可分为现浇和预制两种，截面常见的形式有矩形和 L 形。

（2）高度和宽度：梁宽应与墙厚相适应，梁高与砖的皮数相配合，常采用 60、120、180、240mm 等。

（3）支撑长度：过梁两端伸入墙内的长度不应小于 240mm。

（4）图集代码：过梁的图集代码表示方法，见图1-11所示。

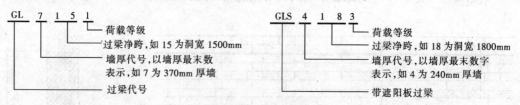

图1-11 过梁图集代码

2.2.6 窗台

1．作用：防止雨水沿窗台下的砖缝侵入墙身或透进室内而设置的泻水构件。

2．类型：窗台按材料的不同有砖砌窗台和预制混凝土窗台之分；按所处的位置不同有外窗台和内窗台之别；按砖砌窗台施工方法不同有平砌和侧砌两种。

3．构造做法（见图1-12）：

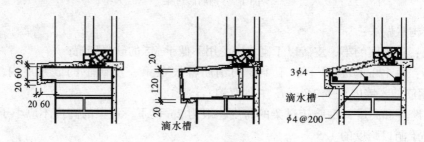

图1-12 窗台构造

（1）窗台宜挑出墙面60mm左右；

（2）窗台应形成一定的坡度，窗台坡度的形成可用斜砌的砖形成或用抹灰形成；

（3）混水窗台须抹出滴水槽或滴水斜面。

4．窗台的立面处理：

（1）腰线：将几扇窗或所有的窗台线联系在一起处理形成腰线。

（2）窗套：将窗台沿窗扇四周挑出形成窗套。

2.2.7 圈梁和构造柱

在多层砖混结构房屋中，墙体常常不是孤立的，它的四周一般均与左右垂直墙体及上下楼板层或屋顶相互联系以增加墙体的稳定性。当墙身由于承受集中荷载、开洞和考虑地震的影响，使砖混结构房屋整体性、稳定性降低时，必须设置圈梁和构造柱来加强。

1．圈梁

圈梁又称腰箍，是沿外墙四周及部分内横墙设置的连续封闭的梁。其作用是提高建筑物的空间刚度及整体性，增强墙体的稳定性，减少由于地基不均匀沉降引起的墙身开裂。对于防震地区，利用圈梁加固墙身更加必要。

（1）圈梁的设置：圈梁的设置与房屋的高度、层数、地基状况和地震烈度有关，见表1-2所示。

圈梁的位置与数量有关。当只设一道时应在屋盖附近；增设时应与预制板设在同一标高处或紧靠板底，必要时圈梁可兼作过梁。

圈 梁 的 设 置 表 1-2

空旷的砖砌体单层房屋 墙厚 $h \leqslant 240mm$	多层砖砌体房屋	
	多层砖砌体民用房屋 墙厚 $h \leqslant 240mm$	多层砖砌体工业房屋
檐口标高为 5～8m：设置一道	层数为 3～4 层：檐口处设置一道 层数大于 4 层：适当增设	可隔层设置，有较大振动时，可层层设置
檐口标高为大于 8m：适当增设	地基土软弱，采用刚性基础：可隔层设置，应在基础顶面和顶层各增设一道，必要时可层层设置	

（2）附加圈梁的设置：圈梁连续地设在同一水平面上，并形成封闭状。当圈梁被门窗过梁截断时，应在洞口上面增设相同截面的附加圈梁。附加圈梁与圈梁的搭接长度不应小于其垂直间距的二倍，且不得小于1m（见图1-13）。

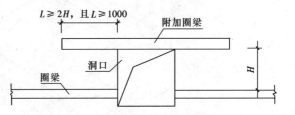

图 1-13　附加圈梁的设置

（3）圈梁的尺寸：圈梁的宽度宜与墙厚相同，圈梁的截面高度不应小于120mm。

（4）圈梁的配筋要求，见表1-3所示。

圈梁的配筋要求 表 1-3

配　筋	地 震 烈 度		
	6、7 度	8 度	9 度
最小纵筋	$4\phi10$	$4\phi12$	$4\phi14$
最大箍筋间距（mm）	250	200	150

2. 构造柱

圈梁是在水平方向将楼板和墙体箍住，构造柱则是从竖向加强层与层间墙体的连接。构造柱和圈梁共同形成空间骨架，以增强房屋的整体刚度，提高墙体抵抗变形的能力，做到裂而不倒。

（1）构造柱的设置

在砖混结构的房屋中，应按表1-4的要求设置钢筋混凝土构造柱。对医院、教学楼等横墙较少的房屋，外廊式和单面走廊式的多层房屋，应根据房屋增加一层后的层数执行。

构造柱的设置部位 表 1-4

房 屋 层 数				设 置 部 位	
6 度	7 度	8 度	9 度		
四、五	三、四	二、三		外墙四角，错层部位横墙与外纵墙交接处，大房间内外墙交接处，较大洞口两侧	设防烈度为7、8度时，楼、电梯间的四角；隔15m或单元横墙与外纵墙交接处
六、七	五	四	二		隔开间横墙（轴线）与外纵墙交接处，山墙与内纵墙交接处；设防烈度为7～9度时，楼、电梯间的四角
八	六、七	五、六	三、四		内墙（轴线）与外墙交接处，内墙的局部较小墙垛处；设防烈度为7～9度时，楼、电梯间的四角；9度时内纵墙与横墙（轴线）交接处

（2）构造柱的尺寸和钢筋配置（见图1-14）

构造柱的截面不应小于240mm×180mm，一般为240mm×240mm。纵向钢筋宜采用4ϕ12；箍筋间距不宜大于250mm，且在柱上下端适当加密；设防烈度为7度房屋超过六层时、或设防烈度为8度房屋超过五层时或设防烈度为9度时，构造柱纵向钢筋宜采用4ϕ12，箍筋间距不宜大于200mm。

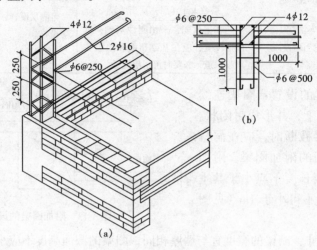

图1-14 钢筋混凝土构造柱

（3）构造柱的基础处理

构造柱可不单独设置基础，但应伸入室外地面以下500mm，或锚固于浅于500mm的基础圈梁之内。

（4）构造柱与墙、圈梁的连接

构造柱与墙连接处应砌成马牙槎，并应沿墙高每隔500mm设2ϕ6拉结筋，且每边伸入墙内不宜小于1m。

构造柱与圈梁连接处，构造柱的纵筋应穿过圈梁，保证构造柱纵筋上下贯通。

（5）构造柱的施工要求

构造柱施工时必须先砌墙，随着墙体的上升而逐段现浇钢筋混凝土构造柱。

课题3 砌块墙的构造

由于实心黏土砖是国家明令禁止的墙体材料，因此寻找合适的替代产品是墙体改革的一项重要内容。由于砌块体形小、重量轻、砌筑速度快、劳动强度低，而且具有节约土地、保护资源、减少环境污染、降低工程造价、缩短建设周期、增加房屋使用面积等优点，充分显示出其巨大的发展潜力。因此，推广使用砌块，并用以代替普通砖是加快我国墙体改革的又一重要措施。

3.1 砌块的类型

3.1.1 按砌块材料不同分类

砌块按材料的不同砌块分为普通混凝土砌块与各种轻质砌块，普通混凝土砌块又分为混凝土、轻骨料混凝土、加气混凝土砌块；轻质砌块中，又分为煤渣混凝土砌块、粉煤灰砌块、陶粒混凝土砌块、煤矸石混凝土砌块、火山渣（浮石）混凝土砌块及石膏砌块等。

目前，普通混凝土砌块仍是最主要的砌块品种，约占砌块总量的70%，正在代替黏土实心砖，作承重墙和非承重墙用，各种轻质砌块主要用作砌框架结构的填充墙（外墙及内墙）。

3.1.2 按砌块品种不同分类

砌块按品种的不同分为实体砌块、空心砌块和微孔砌块等。我国砌块品种比较齐全，仅空心砌块又分为单排孔、双排孔、三排孔砌块，厚度有190、240、300mm等。所以，在确定砌块的规格型号时，除了考虑砌体的强度和稳定性以及热工方面的基本性能外，还必须考虑以下因素：

1. 砌块的规格必须符合《建筑模数协调统一标准》的规定，既要适应各种类型的建筑需要，又要与门窗、楼板等构配件相协调；

2. 砌块的型号越少越好，而其主要块排列组合的次数越多越好；

3. 砌块的尺寸应考虑生产工艺条件、施工机械的能力以及纵横墙互相砌筑的可能。

3.1.3 按砌块重量和尺寸的不同分类

砌块按重量和尺寸的不同分为小型砌块、中型砌块和大型砌块。

目前，我国各地生产的砌块以中、小型砌块和空心砌块居多，但规格、类型尚未统一。从规格上看，墙用砌块仍是以190mm×190mm×390mm系列为通用规格，辅以尺寸为90mm×190mm×190mm、190mm×190mm×190mm的小型砌块（见图1-15）。

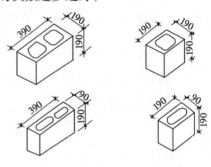

图1-15　常用空心砌块

3.2 砌块墙的构造

3.2.1 砌块墙的拼接

由于砌块的体积比普通砖的体积大，所以墙体接缝更显得重要。在砌筑时，必须保证灰缝横平竖直、砂浆饱满，使能更好地连接。一般砌块墙采用M5砂浆砌筑，水平缝为10～15mm，竖向缝为15～20mm。当竖向缝大于40mm时，须用C10细石混凝土灌实。当砌块排列出现局部不齐或缺少某些特殊规格时，为减少砌块类型，常以普通黏土砖填充。

砌块墙上下错缝应大于150mm，当错缝不足150mm时，应于灰缝中配置钢筋网片一道；砌块与砌块在转角、内外墙拼接处应以钢筋网片加固（图1-16）。

3.2.2 构造柱的设置

为了加强砌体房屋的整体性，空心砌体常于房屋的转角处，内、外墙交接处设置构造柱或芯柱。芯柱是利用空心砌块的孔洞做成，砌筑时将砌块孔洞上下对齐，孔中插入2φ10或2φ12的钢筋，采用C20细石混凝土分层捣实（见图1-17）。为了增强房屋的抗震能力，构造柱应与圈梁连接。

3.2.3 过梁与圈梁

过梁是砌块墙的重要构件之一。当砌块墙中遇门窗洞口时，应设置过梁。它既起连系

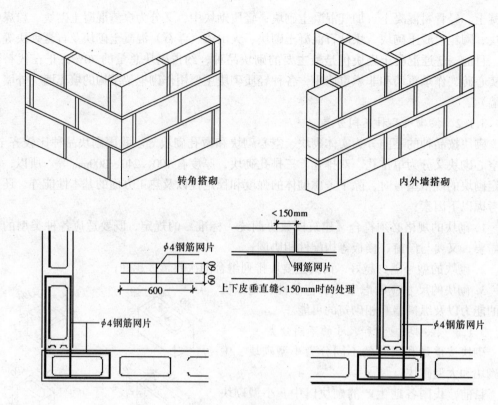

图 1-16　砌块墙的构造

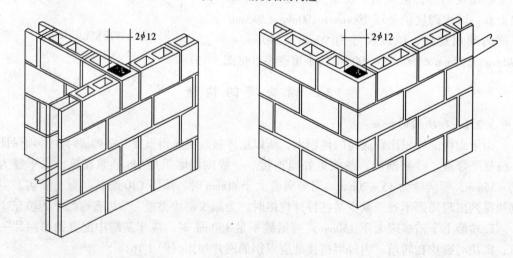

图 1-17　砌块墙柱芯

梁的作用，又是一种调节砌块。当层高与砌块高出现差异时，可利用过梁尺寸的变化进行调节，从而使其他砌块的通用性更大。

多层砌体建筑应设置圈梁，以增强房屋的整体性。砌块墙的圈梁常和过梁统一考虑，有现浇和预制两种。现浇圈梁整体性强，对加固墙身较为有利，但施工支模复杂。实际工程中可采用 U 形预制砌块来代替模板，在槽内配置钢筋后浇筑混凝土而成（见图 1-18）。预制圈梁则是将圈梁分段预制，现场拼接。预制时，梁端伸出钢筋，拼接时将两端钢筋扎结后在结点现浇混凝土。

尽管在我国墙体改革中，砌块正逐渐替代黏土砖起承重和围护的作用。但是从我国各地砌块建筑的实践情况看，目前砌块建筑存在隔热保温差，室内二次装修不便、建筑墙体裂缝等多方面的问题。

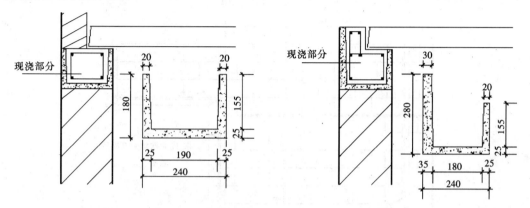

图 1-18　砌块现浇圈梁

课题 4　块材隔墙的构造

4.1　隔墙的作用和设计要求

隔墙把房屋内部分割成若干房间和空间，不承受任何外来荷载，仅起分隔的作用。因此，隔墙应具有自重轻、厚度薄、隔声、耐火、防潮以及便于拆装等方面要求。

4.2　隔　墙　的　分　类

隔墙按构造要求通常可分为三大类：即块材式隔墙、立筋式隔墙、板材式隔墙。

块材式隔墙：指用普通砖、空心砖、加气混凝土砌块等块材砌筑而成。这类隔墙自重较大，但隔声效果较好、取材方便，应用广泛。

立筋式隔墙：指由木材、钢材、其他材料构成的骨架和墙面材料钉结、涂抹或粘贴在骨架上所形成的隔墙。根据墙面材料的不同又有板条抹灰隔墙、钢丝（板）网抹灰隔墙、纸面石膏板隔墙等。这类隔墙自重轻、隔声效果较好。

板材式隔墙：指采用工厂生产的成品板材，用砂浆或其他粘结材料固定形成的隔墙。如预应力钢筋混凝土薄板墙、碳化石灰板墙、加气混凝土板墙、多孔石膏板墙、水泥刨花板墙等。这类隔墙工厂化程度高、施工速度快、现场湿作业少，利于预制装配式建筑。

4.3　块材隔墙的细部构造

4.3.1　砖隔墙

砖隔墙按厚度分有 1/4 砖厚和 1/2 砖厚隔墙两种。

1. 1/4 砖隔墙

1/4 砖隔墙，一般用于不设门洞或面积较小的部位，如厨房、卫生间之间的隔墙。砌筑砂浆不应低于 M5。由于墙身稳定性差，对于面积较大且开设门窗洞孔者，须采取加固措施，在水平方向每隔 900～1200mm 设 C20 细石混凝土柱一根，高度方向每隔 500mm 在墙内砌入 2φ4（或 1φ6）钢筋，并与两端主墙连接牢固，见图 1-19 所示。

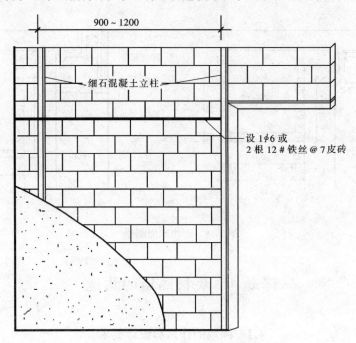

图 1-19　1/4 砖隔墙构造图

2.1/2 砖隔墙

1/2 砖隔墙，砌筑砂浆一般不应低于 M5。当墙高大于 3m 或墙长大于 5m 时，应采取加固措施，一般沿高度方向每隔 750～1000 放 1φ6 钢筋，并与两端的主墙连接。在隔墙顶部与楼板相接处，为防止楼板由于隔墙顶实过紧而产生负弯矩，常用立砖斜砌，或将隔墙顶部与楼板之间留出约 30mm 的缝隙，每隔 1m 用木楔打紧，并以抹灰封口。隔墙设门时，须用预埋铁件或木砖将门框拉结牢固，见图 1-20 所示。

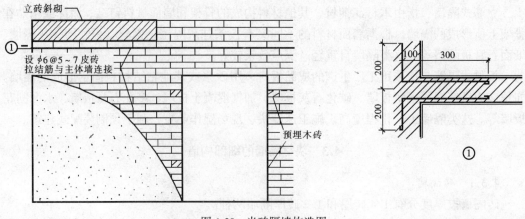

图 1-20　半砖隔墙构造图

16

4.3.2 砌块隔墙

为了减轻自重，常采用比普通砖大而轻的砌块隔墙，如加气混凝土块、粉煤灰硅酸盐块、空心砖或水泥炉渣空心块等。隔墙墙厚一般为90~120mm，加固措施与砖墙相似。对于空隙处，常用普通黏土砖填嵌。采用防潮性能较差的砌块时，宜在墙的下部先砌3~5皮砖。

复 习 思 考 题

1. 墙体按所在的位置、作用和采用的材料不同，分为哪几种类型？
2. 墙体的作用和设计要求有哪些？
3. 标准砖的尺寸为多少？其自身尺度有何内在关系？
4. 过梁有几种类型？简述钢筋混凝土过梁的构造要求。
5. 墙身水平防潮层设置的位置在何处？有几种构造做法？哪种情况下需设置垂直防潮层？
6. 散水的宽度和坡度为多少？绘出混凝土散水的构造做法。
7. 圈梁和构造柱的作用是什么？简述附加圈梁的构造要求。构造柱与墙、圈梁如何连接？
8. 砌块按材料、品种、重量和尺寸的不同分为哪几种类型？
9. 常见的隔墙有哪些？简述1/4隔墙和1/2隔墙的构造做法。

单元 2　砌体结构基本构件计算

知 识 点：砌体的力学性能、无筋砌体承载能力计算（砌体构件承载能力计算、砌体局部受压计算和网状配筋砌体的承载力验算）；砌体结构及构件的构造要求。

教学目标：掌握砌体构件受压承载能力计算、梁端支承处砌体局部受压计算；了解刚性垫块下砌体局部受压承载力计算方法、配筋砌体的承载力计算方法及构造要求。

课题 1　砌体的力学性能

1.1　砖砌体的种类

在单元 1 中我们曾讲过，砌体按材料和制品的不同可分为砖砌体、石砌体、砌块砌体，砖砌体按是否配筋又分为无筋砖砌体和配筋砖砌体两类。

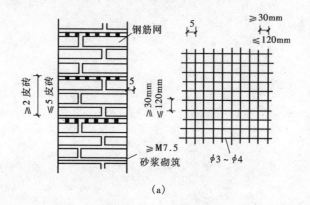

（a）

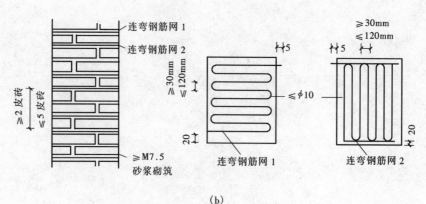

（b）

图 2-1　网状配筋砌体

（a）方格网；（b）连弯网

1.1.1　无筋砖砌体

砖砌体中未配钢筋，用砖和砂浆砌筑而成的整体为无筋砖砌体。包括实心砌体墙和空斗墙。在房屋建筑中，无筋砖砌体主要用作承重墙、围护墙和隔墙。

空斗墙是把部分或全部砖立砌，并留有空斗（洞），其厚度一般为240mm，分为一眠一斗、一眠二斗、一眠多斗和无眠空斗墙。

1.1.2　配筋砖砌体

为提高砌体的强度，减小构件的截面尺寸，可在砌体的水平灰缝中每隔几皮砖放置一层方格钢筋网片，称为网状配筋砌体。当钢筋直径较大时，可采用连弯式钢筋网，即将两个连弯钢筋网交错置于两相邻灰缝内，相当于一片方格钢筋网，见图2-1所示。

当构件偏心较大时，可采用组合砖砌体，即在垂直于弯矩作用方向的两个侧面上预留凹槽，并在其中配置纵向钢筋和浇筑混凝土。

1.2　砌体的抗压性能

砌体轴心受压时的破坏过程，大致经历了三个阶段，如图2-2所示。

第Ⅰ阶段：从开始加载到个别砖出现裂缝为止。出现第一条（或批）裂缝时的荷载，约为破坏荷载的0.5~0.7倍。这一阶段末，荷载不增加，则裂缝不会继续扩展或增加。荷载继续增加，砌体即进入第Ⅱ阶段。

第Ⅱ阶段：随着荷载的继续增加，原有裂缝不断扩展，同时产生新的裂缝，这些裂缝通过垂直灰缝形成条缝，逐渐将砌体分裂成一个个单独的半砖小柱。这一阶段末的荷载相当于破坏荷载的0.8~0.9倍。

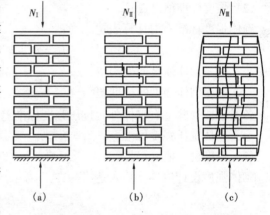

图2-2　无筋砌体轴心受压破坏过程
(a) 第Ⅰ阶段；(b) 第Ⅱ阶段；(c) 第Ⅲ阶段

第Ⅲ阶段：荷载进一步增加，裂缝迅速开展，单独的半砖小柱侧向鼓出，砌体发生明显的横向变形而处于松散状态，最终丧失承载能力而破坏。

砖砌体墙的强度远小于砖的强度。实验证明，砌体中的砖块在荷载尚不大时即已出现竖向裂缝，砌体的抗压强度远小于砖的抗压强度。通过观察研究发现，轴心受压砌体在总体上虽然是均匀受压状态，但砖在砌体内实际上还同时受弯、受剪和受拉，处于复杂的受力状态。产生这种现象的原因是：砂浆铺砌不匀，砖不能均匀地压在砂浆层上；砖表面不平整，砖与砂浆层不能全面接触；此外，因砂浆的横向变形比砖大，由于粘结力和摩擦力的影响，砌体内的砖还同时受拉。

以上分析可知，砌体中的块材处于压缩、弯曲、剪切、局部受压、横向拉伸等复杂受力状态，而块材的抗弯、抗剪、抗拉强度很低，所以砌体在远小于块料的抗压强度时就出现了裂缝。随着荷载的增加，裂缝不断扩展，使砌体形成半砖小柱，最后丧失承载能力。

1.3 砌体的轴心抗拉、弯曲抗拉及抗剪性能

砌体除受压外，实际工程中有时也会遇到承受轴向拉力以及受弯、受剪的情况。

砖砌圆形水池由于内部液体压力在池壁中产生环向水平拉力，而使砌体竖向截面处于轴向受拉状态。砌体的轴心受拉破坏可能有两种形式：当块材强度较高、砂浆强度较低时，砌体将沿齿缝破坏；当块材强度较低而砂浆强度较高时，则砌体将沿砌体截面即块材和竖直灰缝形成的直缝破坏。

砖砌挡土墙在土压力的作用下，挡土墙将在水平和竖直两个方向发生弯曲受拉。由于块材和砂浆强度的高低和破坏部位的不同，弯曲受拉破坏有沿齿缝破坏、沿砌体截面即沿直缝破坏、沿通缝破坏三种形式。

1. 砌体的各种强度名称

砌体强度是衡量砌体结构承载能力高低的主要指标，常用以下强度指标表示：

（1）强度平均值（f_m）

强度平均值是材料的基本强度，是各种强度中主要的值，它是母体强度的平均值。

（2）强度标准值（f_K）

砌体强度标准值的计算表达式为：

$$f_K = f_m - 1.645\sigma_f$$

式中　f_m——砌体强度的平均值；

　　　σ_f——砌体强度的标准差。

各类砌体（除毛石砌体外）抗压强度标准差：$\sigma_f = 0.17f_m$

毛石砌体抗压强度标准差：$\sigma_f = 0.24f_m$

（3）强度设计值（f 或 f_d）

砌体强度设计值的计算表达式为：

$$f = \frac{f_K}{\gamma_f}$$

式中　γ_f——砌体结构的材料性能分项系数，一般情况下，宜按施工控制等级为 B 级考虑，取 $\gamma_f = 1.6$，当为 C 级时，$\gamma_f = 1.8$。

2. 砌体的抗压强度设计值 f

龄期为 28 天的以毛截面计算的各类砌体抗压强度设计值，根据块体和砂浆的强度等级应分别按下列规定采用：

（1）烧结普通砖和烧结多孔砖砌体的抗压强度设计值，应按表 2-1 采用。

烧结普通砖和烧结多孔砖砌体的抗压强度设计值 f（MPa）　　　　表 2-1

砖强度等级	砂　浆　强　度　等　级					砂浆强度
	M15	M10	M7.5	M5	M2.5	0
MU30	3.94	3.27	2.93	2.59	2.26	1.15
MU25	3.60	2.98	2.68	2.37	2.06	1.05
MU20	3.22	2.67	2.39	2.12	1.84	0.94
MU15	2.79	2.31	2.07	1.83	1.60	0.82
MU10	—	1.89	1.69	1.50	1.30	0.67

注：表中砂浆强度为0，是指施工阶段新砌体中尚未硬化的砂浆，或冬期施工中受冻砌体融化时的砂浆没有强度。

（2）蒸压灰砂砖和蒸压粉煤灰砖砌体的抗压强度设计值，应按表 2-2 采用。

蒸压灰砂砖和蒸压粉煤灰砖砌体的抗压强度设计值 ƒ（MPa）　　　表 2-2

砖强度等级	砂　浆　强　度　等　级				砂浆强度
	M15	M10	M7.5	M5	0
MU25	3.60	2.98	2.68	2.37	1.05
MU20	3.22	2.67	2.39	2.12	0.94
MU15	2.79	2.31	2.07	1.83	0.82
MU10	—	1.89	1.69	1.50	0.67

（3）单排孔混凝土或轻骨料混凝土砌块砌体的抗压强度设计值，应按表 2-3 采用。

单排孔混凝土或轻骨料混凝土砌块砌体的抗压强度设计值 ƒ（MPa）　　表 2-3

砖块强度等级	砂　浆　强　度　等　级				砂浆强度
	Mb15	Mb10	Mb7.5	Mb5	0
MU20	5.68	4.95	4.44	3.94	2.33
MU15	4.61	4.02	3.61	3.20	1.89
MU10	—	2.79	2.50	2.22	1.31
MU7.5	—	—	1.93	1.71	1.01
MU5	—	—	—	1.19	0.70

注：1. 对错孔砌筑的砌体，应按表中数值乘以 0.8；
　　2. 对独立柱或厚度为双排组砌的砌块砌体，应按表中数值乘以 0.7；
　　3. 对 T 形截面砌体，应按表中数值乘以 0.85；
　　4. 表中轻骨料混凝土砌块为煤矸石和水泥煤渣混凝土砌块。

（4）孔洞率不大于 35% 的双排孔或多排孔轻骨料混凝土砌块砌体的抗压强度设计值，应按表 2-4 采用。

双排孔或多排孔轻骨料混凝土砌块砌体的抗压强度设计值 ƒ（MPa）　　表 2-4

砌块强度等级	砂　浆　强　度　等　级			砂浆强度
	Mb10	Mb7.5	Mb5	0
MU10	3.08	2.76	2.45	1.44
MU7.5	—	2.13	1.88	1.12
MU5	—	—	1.31	0.78

注：1. 表中的砌块为火山渣、浮石和陶粒轻骨料混凝土砌块；
　　2. 对厚度方向为双排组砌的轻骨料混凝土砌块砌体的抗压强度设计值，应按表中数值乘以 0.8。

（5）块体高度为 180～350mm 的毛料石砌体的抗压强度设计值，应按表 2-5 采用。

毛料石砌体的抗压强度设计值 ƒ（MPa）　　表 2-5

毛料石强度等级	砂　浆　强　度　等　级			砂浆强度
	M7.5	M5	M2.5	0
MU100	5.42	4.80	4.18	2.13
MU80	4.85	4.29	3.73	1.91
MU60	4.20	3.71	3.23	1.65
MU50	3.83	3.39	2.95	1.51
MU40	3.43	3.04	2.64	1.35
MU30	2.97	2.63	2.29	1.17
MU20	2.42	2.15	1.87	0.95

注：对下列各类砌体，应按表中数值分别乘以系数：细料石砌体乘以 1.5，半细料石砌体乘以 1.3，粗料石砌体乘以 1.2，周边密缝石砌体乘以 0.8。

（6）毛石砌体的抗压强度设计值，应按表2-6采用。

毛石砌体的抗压强度设计值 f（MPa）　　　　　表2-6

毛石强度等级	砂 浆 强 度 等 级			砂浆强度
	M7.5	M5	M2.5	0
MU100	1.27	1.12	0.98	0.34
MU80	1.13	1.00	0.87	0.30
MU60	0.98	0.87	0.76	0.26
MU50	0.90	0.80	0.69	0.23
MU40	0.80	0.71	0.62	0.21
MU30	0.69	0.61	0.53	0.18
MU20	0.56	0.51	0.44	0.15

（7）各类砌体的轴心抗拉、弯曲抗拉和抗剪强度设计值是按龄期为28天的以毛截面计算确定的。当施工质量控制等级为B级时，沿齿缝或沿通缝的轴心抗拉强度设计值、弯曲抗拉强度设计值和抗剪强度设计值（不分通缝与齿缝），可按表2-7采用。

砌体的抗拉、抗剪强度设计值（MPa）　　　　　表2-7

强度类型		破坏特征及砌体种类	砂 浆 强 度 等 级			
			≥M10	M7.5	M5	M2.5
轴心抗拉 f_t	沿齿缝	烧结普通砖、多孔砖	0.19	0.16	0.13	0.09
		蒸压灰砂砖、粉煤灰砖	0.12	0.10	0.08	0.06
		混凝土砌块	0.09	0.08	0.07	—
		毛石	0.08	0.07	0.06	0.04
弯曲抗拉 f_{tm}	沿齿缝	烧结普通砖、多孔砖	0.33	0.29	0.23	0.17
		蒸压灰砂砖、粉煤灰砖	0.24	0.20	0.16	0.12
		混凝土砌块	0.11	0.09	0.08	—
		毛石	0.13	0.11	0.09	0.07
	沿通缝	烧结普通砖、多孔砖	0.17	0.14	0.11	0.08
		蒸压灰砂砖、粉煤灰砖	0.12	0.10	0.08	0.06
		混凝土砌块	0.08	0.06	0.05	—
抗剪 f_v		烧结普通砖、多孔砖	0.17	0.14	0.11	0.08
		蒸压灰砂砖、粉煤灰砖	0.12	0.10	0.08	0.06
		混凝土和轻骨料混凝土砌块	0.09	0.08	0.06	—
		毛石	0.21	0.19	0.16	0.11

3．各类砌体强度设计值

应按表2-8所列的情况乘以调整系数 γ_a 值。

<table>
<tr><td colspan="2" align="center">强度设计值调整系数 γ_a</td><td align="right">表 2-8</td></tr>
</table>

适 用 情 况		γ_a
有吊车房屋砌体		0.9
跨度不小于 0.9m 的梁下烧结普通砖砌体		
跨度不小于 7.5m 的梁下烧结多孔砖砌体、蒸压灰砂砖砌体、蒸压粉煤灰砖砌体、混凝土或轻骨料混凝土砌块砌体		（此项同时存在不连乘）
无筋砌体构件，截面面积 $A < 0.3\text{m}^2$ 时		$A + 0.7$，构件截面积 A 以 "m^2" 计
有筋砌体构件，截面面积 $A < 0.2\text{m}^2$ 时		$A + 0.8$，构件截面积 A 以 "m^2" 计
纯水泥砂浆砌筑	表 2-1～表 2-6	0.9
	表 2-7 中各值	0.8
施工质量控制为 C 级		0.89
施工质量控制为 A 级		1.05
验算施工中房屋构件时		1.1

注：以上各项同时存在时应连乘。

课题 2 无筋砌体承载力计算

砌体结构应按承载能力极限状态设计，而正常使用极限状态的要求一般可通过相应的构造措施保证，承载能力极限状态设计的基本表达式为：

$$\gamma_0\ (1.2S_{GK} + 1.4S_{Q1K} + \sum_{i=2}^{n} r_{Q_i}\psi_{c_i}S_{Qik}) \leqslant R\ (f,\ \alpha_k \cdots\cdots) \tag{2-1}$$

式中　　　γ_0——结构重要性系数。对安全等级为一级、二级、三级的砌体结构构件，可分别取 1.1、1.0、0.9；

　　　　　S_{GK}——永久荷载标准值的效应；

　　　　　S_{Q1K}——在基本组合中起控制作用的一个可变荷载标准值的效应；

$R(f,\ \alpha_k \cdots\cdots)$——结构构件的抗力函数；

　　　　　γ_{Q_i}——第 i 个可变荷载的分项系数；

　　　　　ψ_{c_i}——第 i 个可变荷载的组合系数，一般情况下取 0.7；

　　　　　f——砌体的强度设计值；

　　　　　α_k——几何参数标准值。

2.1 受压构件承载力计算

2.1.1 受压构件的受力状态

无筋砌体在轴心压力作用下，砌体在破坏阶段截面的应力是均匀分布的，如图 2-3（a）所示。当轴向压力偏心距较小时，截面虽全部受压，但应力分布不均匀，破坏将发生在压应力较大的一侧，且破坏时该侧边缘压应力较轴心受压破坏时的应力稍大，如图 2-3（b）所示。当轴向力的偏心距进一步增大时，受力较小边将出现拉应力（图 2-3c），此时如应力未达到砌体的通缝抗拉强度，受拉边不会开裂。如偏心距再增大，受拉侧将较早开裂，此时只有砌体局部的受压区压应力与轴向力平衡，如图 2-3（d）所示。

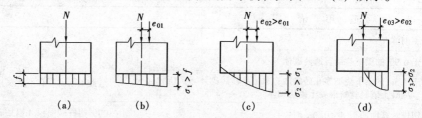

图 2-3　无筋砌体受压时的应力分布

2.1.2　受压构件承载力计算公式

1. 基本计算公式

由于砌体受压构件包括轴压和偏压构件，计算时均采用一个计算公式，轴心受压构件可视为偏心距 $e = 0$ 的偏心受压构件，其表达式为：

$$N \leqslant \varphi f A \tag{2-2}$$

式中　　N——轴向力设计值；

φ——高厚比 β 和轴向力的偏心距 e 对受压构件承载力的影响系数；

f——砌体抗压强度设计值；

γ_a——砌体抗压强度设计值的调整系数。

A——截面面积，对各类砌体均可按毛截面计算。

偏心受压构件的偏心距 e 按内力设计值计算，并不应超过 $0.6y$。y 为截面重心到轴向力一侧边缘的距离。

对矩形截面构件，当偏心方向的截面边长大于另一方向的边长时，除长边按偏心受压公式计算外，还应对短边方向按轴心受压进行验算。

（1）高厚比 β 的计算

墙、柱的高厚比 β，是衡量砌体长细程度的指标，$\beta \leqslant 3$ 时属短柱，$\beta > 3$ 时属细长柱。其计算公式为：

对矩形截面　　　　　　　　　　$\beta = \gamma_\beta \dfrac{H_0}{h}$

γ_β 为墙、柱高厚比修正系数，见表 2-9。

高厚比修正系数 γ_β　　　　　　　　　　　　　　　　表 2-9

砌 体 材 料 类 别	γ_β	砌 体 材 料 类 别	γ_β
烧结普通砖、多孔砖	1.0	蒸压灰砂砖、蒸压粉煤灰砖、细料石、半细料石	1.2
混凝土及轻骨料混凝土砌块	1.1	粗料石、毛石	1.5

注：对灌孔混凝土砌块，γ_β 取 1.0。

（2）影响系数 φ 值的计算

砌体结构中，由于有水平砂浆层且灰缝数量较多，使砌体的整体性受到影响，所以纵向弯曲对构件承载力的影响较其他整体构件（如素混凝土构件）显著。此外，对于偏心受压构件，还必须考虑在偏心压力作用下附加偏心距的增大和截面塑性变形等因素的影响。规范在试验研究的基础上，确定把轴向力偏心距和构件的高厚比对受压构件承载力的影响

采用同一系数 φ 来考虑，其计算公式较为复杂，使用时可直接查表2-10、表2-11、表2-12得出。

影响系数 φ（砂浆强度等级 ≥ M5）　　　　表 2-10

β	$\dfrac{e}{h}$ 或 $\dfrac{e}{h_T}$												
	0	0.025	0.05	0.075	0.1	0.125	0.15	0.175	0.2	0.225	0.25	0.275	0.3
≤3	1	0.99	0.97	0.94	0.89	0.84	0.79	0.73	0.68	0.62	0.57	0.52	0.48
4	0.98	0.95	0.90	0.85	0.80	0.74	0.69	0.64	0.58	0.53	0.49	0.45	0.41
6	0.95	0.91	0.86	0.81	0.75	0.69	0.64	0.59	0.54	0.49	0.45	0.42	0.38
8	0.91	0.86	0.81	0.76	0.70	0.64	0.59	0.54	0.50	0.46	0.42	0.39	0.36
10	0.87	0.82	0.76	0.71	0.65	0.60	0.55	0.50	0.46	0.42	0.39	0.36	0.33
12	0.82	0.77	0.71	0.66	0.60	0.55	0.51	0.47	0.43	0.39	0.36	0.33	0.31
14	0.77	0.72	0.66	0.61	0.56	0.51	0.47	0.43	0.40	0.36	0.34	0.31	0.29
16	0.72	0.67	0.61	0.56	0.52	0.47	0.44	0.40	0.37	0.34	0.31	0.29	0.27
18	0.67	0.62	0.57	0.52	0.48	0.44	0.40	0.37	0.34	0.31	0.29	0.27	0.25
20	0.62	0.57	0.53	0.48	0.44	0.40	0.37	0.34	0.32	0.29	0.27	0.25	0.23
22	0.58	0.53	0.49	0.45	0.41	0.38	0.35	0.32	0.30	0.27	0.25	0.24	0.22
24	0.54	0.49	0.45	0.41	0.38	0.35	0.32	0.30	0.28	0.26	0.24	0.22	0.21
26	0.50	0.46	0.42	0.38	0.35	0.33	0.30	0.28	0.26	0.24	0.22	0.21	0.19
28	0.46	0.42	0.39	0.36	0.33	0.30	0.28	0.26	0.24	0.22	0.21	0.19	0.18
30	0.42	0.39	0.36	0.33	0.31	0.28	0.26	0.24	0.22	0.21	0.20	0.18	0.17

影响系数 φ（砂浆强度等级 M2.5）　　　　表 2-11

β	$\dfrac{e}{h}$ 或 $\dfrac{e}{h_T}$												
	0	0.025	0.05	0.075	0.1	0.125	0.15	0.175	0.2	0.225	0.25	0.275	0.3
≤3	1	0.99	0.97	0.94	0.89	0.84	0.79	0.73	0.68	0.62	0.57	0.52	0.48
4	0.97	0.94	0.89	0.84	0.78	0.73	0.67	0.62	0.57	0.52	0.48	0.44	0.40
6	0.93	0.89	0.84	0.78	0.73	0.67	0.62	0.57	0.52	0.48	0.44	0.40	0.37
8	0.89	0.84	0.78	0.72	0.67	0.62	0.57	0.52	0.48	0.44	0.40	0.37	0.34
10	0.83	0.78	0.72	0.67	0.61	0.56	0.52	0.47	0.43	0.40	0.37	0.34	0.31
12	0.78	0.72	0.67	0.61	0.56	0.52	0.47	0.43	0.40	0.37	0.34	0.31	0.29
14	0.72	0.66	0.61	0.56	0.51	0.47	0.43	0.40	0.36	0.34	0.31	0.29	0.27
16	0.66	0.61	0.56	0.51	0.47	0.43	0.40	0.36	0.34	0.31	0.29	0.26	0.25
18	0.61	0.56	0.51	0.47	0.43	0.40	0.36	0.33	0.31	0.29	0.26	0.24	0.23
20	0.56	0.51	0.47	0.43	0.39	0.36	0.33	0.31	0.28	0.26	0.24	0.23	0.21
22	0.51	0.47	0.43	0.39	0.36	0.33	0.31	0.28	0.26	0.24	0.23	0.21	0.20
24	0.46	0.43	0.39	0.36	0.33	0.31	0.28	0.26	0.24	0.23	0.21	0.20	0.18
26	0.42	0.39	0.36	0.33	0.31	0.28	0.26	0.24	0.22	0.21	0.20	0.18	0.17
28	0.39	0.36	0.33	0.30	0.28	0.26	0.24	0.22	0.21	0.20	0.18	0.17	0.16
30	0.36	0.33	0.30	0.28	0.26	0.24	0.22	0.21	0.20	0.18	0.17	0.16	0.15

β	$\dfrac{e}{h}$ 或 $\dfrac{e}{h_T}$												
	0	0.025	0.05	0.075	0.1	0.125	0.15	0.175	0.2	0.225	0.25	0.275	0.3
≤3	1	0.99	0.97	0.94	0.89	0.84	0.79	0.73	0.68	0.62	0.57	0.52	0.48
4	0.87	0.82	0.77	0.71	0.66	0.60	0.55	0.51	0.46	0.43	0.39	0.36	0.33
6	0.76	0.70	0.65	0.59	0.54	0.50	0.46	0.42	0.39	0.36	0.33	0.30	0.28
8	0.63	0.58	0.54	0.49	0.45	0.41	0.38	0.35	0.32	0.30	0.28	0.25	0.24
10	0.59	0.48	0.44	0.41	0.37	0.34	0.32	0.29	0.27	0.25	0.23	0.22	0.20
12	0.44	0.40	0.37	0.34	0.31	0.29	0.27	0.25	0.23	0.21	0.20	0.19	0.17
14	0.36	0.33	0.31	0.28	0.26	0.24	0.23	0.21	0.20	0.18	0.17	0.16	0.15
16	0.30	0.28	0.26	0.24	0.22	0.21	0.19	0.18	0.17	0.16	0.15	0.14	0.13
18	0.26	0.24	0.22	0.21	0.19	0.18	0.17	0.16	0.15	0.14	0.13	0.12	0.12
20	0.22	0.20	0.19	0.18	0.17	0.16	0.15	0.14	0.13	0.12	0.12	0.11	0.10
22	0.19	0.18	0.16	0.15	0.14	0.14	0.13	0.12	0.12	0.11	0.10	0.10	0.09
24	0.16	0.15	0.14	0.13	0.13	0.12	0.11	0.11	0.10	0.10	0.09	0.09	0.08
26	0.14	0.13	0.13	0.12	0.11	0.11	0.10	0.10	0.09	0.09	0.08	0.08	0.07
28	0.12	0.12	0.11	0.11	0.10	0.10	0.09	0.09	0.08	0.08	0.08	0.07	0.07
30	0.11	0.10	0.10	0.09	0.09	0.09	0.08	0.08	0.07	0.07	0.07	0.07	0.06

【例 2-1】 砖柱截面为 490mm×370mm，采用强度等级为 MU10 的黏土砖及 M5 的混合砂浆砌筑，柱计算高度 $H_0 = 5$m，柱顶承受轴心压力设计值为 145kN，试验算柱底截面强度。

【解】

1. 柱底部截面的轴向力设计值：

$$N = 145 + 1.2 \ (0.49 \times 0.37 \times 5 \times 19)$$
$$= 165.67 \ (kN)$$

2. 验算柱的承载力：

由砖的强度等级 MU10 和砌筑砂浆强度等级 M5，查表 2-1 得砌体抗压强度设计值

$$f = 1.50\text{MPa} \ (\text{N/mm}^2)$$

砖柱截面面积 $A = 0.49 \times 0.37 = 0.18\text{m}^2 < 0.3\text{m}^2$，查表 2-8 得：

砌体强度设计值调整系数 $\gamma_a = A + 0.7 = 0.18 + 0.7 = 0.88$

由 $\beta = \dfrac{H_0}{h} = \dfrac{5000}{370} = 13.5$ 及 $e = 0$，查表 2-10 得影响系数 $\varphi = 0.782$

则柱的承载能力为：

$$\varphi f A = 0.782 \times 0.88 \times 1.50 \times 0.18 \times 10^6$$
$$= 185803.2\text{N} = 185.80 \ (kN) \ > N = 165.67 \ (kN)$$

经验算，柱截面安全。

【例 2-2】 砖柱截面为 490mm×620mm，采用强度等级为 MU10 的标准烧结黏土砖及 M5 的混合砂浆砌筑，柱计算高度 $H_0 = 5.4$m，该柱 $N = 266$kN，$M = 23.94$kN·m 的力（长

边方向偏心距），允许高厚比 $[\beta] = 18$。如图 2-4 所示，试验算砖柱的承载力是否满足要求。

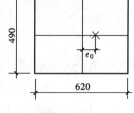

图 2-4　柱截面

【解】

1. 验算偏心方向的受压承载力

由 MU10 和 M5 混合砂浆，查表 2-1 得砌体抗压强度设计值 f = 1.50MPa（N／mm²）

截面面积 $A = 0.49 \times 0.62 = 0.31\text{m}^2 > 0.3\text{m}^2$

$$e_0 = \frac{M}{N} = \frac{23.94}{266} = 0.09\text{m} = 90\text{mm}$$

由

$$\beta = \frac{H_0}{h} = \frac{5400}{620} = 8.71 < [\beta] = 18$$

$$y = \frac{h}{2} = \frac{620}{2} = 310\text{mm}$$

$$\frac{e}{h} = \frac{90}{620} = 0.145$$

查表 2-10，用内插法计算影响系数 $\varphi = 0.586$，计算过程见下表：

β	$\frac{e}{h}$ 或 $\frac{e}{h_T}$		
	0.125	0.15	0.145
8	0.64	0.59	0.600
10	0.60	0.55	0.560
8.71			0.586

则柱的承载能力为：

$$\varphi fA = 0.586 \times 1.50 \times 0.31 \times 10^6 = 272490\text{N} = 272.49\text{kN}$$
$$> N = 266 （\text{kN}）$$

2. 验算短边方向的受压承载力

对短边方向的受压承载力验算，按轴心受压进行计算。

$$\beta = \frac{H_0}{b} = \frac{5400}{490} = 11$$

查表 2-10 计算影响系数 $\varphi = 0.845$

则柱的承载能力为：

$$\varphi fA = 0.845 \times 1.50 \times 0.31 \times 10^6 = 392925\text{N} = 392.93\text{kN} > N = 266\text{kN}$$

短边方向满足要求。

2.2 局部受压的计算

2.2.1 一般局部受压计算

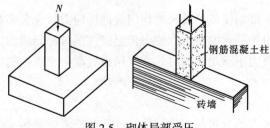

图 2-5　砌体局部受压

压力仅作用在砌体的部分面积上的受力状态称为局部受压。砌体局部受压时，由于受周围非受荷砌体对其的约束作用，其局部抗压强度有所提高。当受到均匀的局部压力时（图 2-5），其承载力计算公式为：

$$N_1 \leqslant \gamma f A_l$$
$$\gamma = 1 + 0.35 \sqrt{\frac{A_0}{A_l} - 1} \Bigg\}$$

(2-3)

式中 N_1——局部受压面积上轴向力设计值;

　　A_l——局部受压面积;

　　A_0——影响砌体局部抗压强度的计算面积,按表 2-13 确定;

　　γ——砌体局部受压强度提高系数,按表 2-13 确定。

局部受压计算面积 A_0 及强度提高系数 γ 表 2-13

情 况 类 型	A_0	γ		
		普通砖砌体	多孔砖砌体或灌孔混凝土砌块砌体	未灌孔混凝土砌块砌体
	$A_0 = (a+c+h)\,h$	$\leqslant 2.5$	$\leqslant 1.50$	$\leqslant 1.00$
	$A_0 = (a+h)\,h$	$\leqslant 1.25$	$\leqslant 1.25$	$\leqslant 1.00$
	$A_0 = (b+2h)\,h$	$\leqslant 2.00$	$\leqslant 1.50$	$\leqslant 1.00$
	$A_0 = (a+h)\,h + (b+h_1-h)\,h_1$	$\leqslant 1.50$	$\leqslant 1.50$	$\leqslant 1.00$

注:a、b——局压面积 A_1 的边长;

　　h、h_1——墙厚(或柱)较小边长,墙厚;

　　c——矩形局压面积外边缘至构件边缘较小距离,当 $c > h$ 时,用 $c = h$。

2.2.2 梁端局部受压计算

一般情况下,只有砌体基础可能承受上部墙体或柱传来的均匀局部压应力。在大多数情况下,搁置于砌体墙或柱上的梁或板,由于其弯曲变形,使得传至砌体的局部压应力为非均匀分布。当梁端下砌体的局部受压承载力不满足要求时,常采用设置混凝土或钢筋混凝土垫块的方法来提高局部受压能力。

1. 梁端无垫块情况

当梁端支承处砌体局部受压时,其压应力的分布是不均匀的。计算时应考虑梁传来的荷载以及局部受压面积上由上部荷载设计值产生的轴向力。其计算公式为：

$$\psi N_0 + N_1 \leqslant \eta \gamma f A_l$$

$$\psi = 1.5 - 0.5 \frac{A_0}{A_l}$$

$$N_0 = \sigma_0 A_l \qquad\qquad (2\text{-}4)$$

$$A_l = a_0 b$$

$$a_0 = 10 \sqrt{\frac{h_c}{f}}$$

式中　ψ——上部荷载的折减系数，A_0/A_l 大于等于 3 时，应取 ψ 等于 0；

　　　N_0——局部受压面积内上部轴向力设计值，N；

　　　N_1——梁端支承压力设计值，N；

　　　σ_0——上部平均压应力设计值，N/mm²；

　　　η——梁端底面压应力图形的完整系数，可取 0.7，对于过梁和墙梁可取 1.0；

　　　a_0——梁端有效支承长度，mm，当 $a_0 > a$ 时，取 $a_0 = a$；

　　　a——梁端实际支承长度，mm；

　　　b——梁的截面宽度，mm；

　　　h_c——梁的截面高度，mm；

　　　f——砌体的抗压强度设计值，MPa。

2. 梁端有垫块情况

梁端支承处设有垫块（图 2-6），应核算垫块下砌块的局部受压承载力。

（1）预制垫块

预制垫块为刚性垫块时，局部受压强度按下式计算：

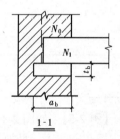

$$\left.\begin{aligned}N_0 + N_1 &\leqslant \varphi \gamma_1 f A_b \\ N_0 &= \sigma_0 A_b \\ A_b &= a_0 b_b\end{aligned}\right\} \qquad (2\text{-}5)$$

式中　N_0——垫块面积 A_b 范围内上部轴向力设计值；

　　　φ——垫块上 N_0、N_1 合力的影响系数，按表 2-10 中当 $\beta \leqslant 3$ 时的值采用；

　　　γ_1——垫块外砌体面积的有利影响系数，$\gamma_1 = 0.8\gamma$，但不小于 1.0；γ 值按表 2-13 采用；

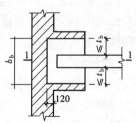

图 2-6　梁下设预制垫块时砌体局部受压

　　　A_b——垫块面积；

a_b、b_b——垫块伸入墙内的长度，垫块的宽度。

刚性垫块的高度不小于 180mm、自梁两边算起的垫块长度不大于 t_b（t_b 为垫块高度）

（2）现浇垫块

现浇垫块与梁端同时浇筑（见图 2-7）时，垫块可在梁高范围内设置，仍按公式（2-5）核算局部受压承载力，此时，$A_l = a_b b_b$

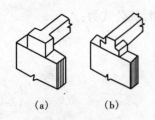

图 2-7 垫块与梁现浇

$$a_b = \delta_1 \sqrt{\frac{h}{f}} \qquad (2\text{-}6)$$

式中 δ_1——刚性垫块的影响系数，可按表 2-14 采用。

垫块上 N_1 作用点的位置可取 $0.4a_0$ 处。

3. 梁端下有垫梁情况

梁下设有长度大于 πh_0 的垫梁下的砌体局部受压承载力，按下列公式计算：

$$\left.\begin{array}{l} N_0 + N_1 \leqslant 2.4\delta_2 fb_b h_0 \\ N_0 = \pi b_b h_0 \sigma_0 / 2 \\ h = 2\sqrt[3]{\dfrac{E_b I_b}{Eh}} \end{array}\right\} \qquad (2\text{-}7)$$

式中 N_0——垫梁上部轴向力设计值，N；

b_b——垫梁在墙厚方向的宽度，mm；

δ_2——当荷载沿墙厚方向均匀分布时取 1.0，不均匀时取 0.8；

σ_0——上部平均压应力设计值；

h_0——垫梁折算高度，mm；

E_b、I_b——分别为垫梁的混凝土弹性模量和截面惯性矩；

E——砌体的弹性模量；

h——墙厚。

系数 δ_1 值 表 2-14

σ_0/f	0	0.2	0.4	0.6	0.8
δ_1	5.4	5.7	6.0	6.9	7.8

【例 2-3】 如图 2-8 所示，200mm × 240mm 的钢筋混凝土柱支撑在砖墙上，墙厚 240mm，采用 MU10 烧结普通砖及 M5 混合砂浆砌筑，柱传至墙的轴向力设计值 $N = 100$kN，试进行砌体局部受压验算。

【解】

钢筋混凝土柱支撑在砖墙属于一般局部受压情况，其承载力验算按公式（2-3）进行。

局部受压面积 $A_l = 200 \times 240 = 48000 \text{mm}^2$

影响砌体局部抗压强度的计算面积按表 2-13 确定：

$$A_0 = (b + 2h)\,h = (200 + 2 \times 240)\,240 = 163200 \text{mm}^2$$

砌体局部受压强度提高系数：

$$\begin{aligned} \gamma &= 1 + 0.35\sqrt{\frac{A_0}{A_l} - 1} \\ &= 1 + 0.35\sqrt{\frac{163200}{48000} - 1} = 1.54 < 2.0 \end{aligned}$$

由砖的强度等级 MU10 和砌筑砂浆强度等级 M5，查表 2-1 得砌体抗压强度设计值 $f =$

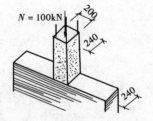

图 2-8 柱支撑在砖墙上

1.59MPa（N/mm²）

则：$\gamma f A_l = 1.54 \times 1.50 \times 48000 = 110880\text{N} = 110.88$（kN）

$$> N = 100\text{kN}$$

经验算，符合要求。

【例 2-4】 如图 2-9 所示，200mm × 550mm 的钢筋混凝土梁搁置在窗间墙上，墙厚为 370mm，窗间墙截面为 1200mm × 370mm，采用 MU10 烧结普通砖及 M5 混合砂浆砌筑。梁端的实际支撑长度 $a = 240$mm，荷载设计值产生的梁端支承反力 $N_1 = 80$kN，梁底墙体截面由上部荷载设计值产生的轴向力 $N_s = 165$kN。试验算梁端下砌体局部受压强度。

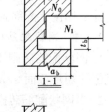

【解】 梁搁置在砖墙又无垫块，其承载力验算按公式（2-4）进行。

$$\psi N_0 + N_1 \leqslant \eta \gamma f A_l$$

由砖的强度等级 MU10 和砌筑砂浆强度等级 M5，查表 2-1 得砌体抗压强度设计值 $f = 1.50$MPa（N/mm²）

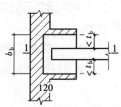

图 2-9　设有垫块时
梁端局部受压

梁端底面压应力图形的完整系数，$\eta = 0.7$

梁端有效支承长度：

$$a_0 = 10\sqrt{\frac{h_c}{f}} = 10\sqrt{\frac{550}{1.59}} = 185.99\text{mm} < a = 240\text{mm}，取 a_0 = 185.99\text{mm}$$

局部受压面积：

$$A_l = a_0 b = 185.99 \times 200 = 37198\text{mm}^2$$

影响砌体局部抗压强度的计算面积：

$$A_0 = （b + 2h）h = （200 + 2 \times 370）370 = 347800\text{mm}^2$$

砌体局部受压强度提高系数：

$$\gamma = 1 + 0.35\sqrt{\frac{A_0}{A_l} - 1} = 1 + 0.35\sqrt{\frac{347800}{37198} - 1} = 2.01 > 2.0 \qquad 取 \gamma = 2.0$$

上部轴向力设计值 N_s 作用于窗间墙上的平均压应力设计值为：

$$\sigma_0 = \frac{N_s}{A} = \frac{165000}{1200 \times 370} = 0.37（\text{N/mm}^2）$$

局部受压面积内上部轴向力设计值：

$$N_0 = \sigma_0 A_l = 0.37 \times 37198 = 13763.26\text{N} = 13.76\text{kN}$$

上部荷载的折减系数 $\psi = 1.5 - 0.5\dfrac{A_0}{A_l}$

由于 $\dfrac{A_0}{A_l} = \dfrac{347800}{37198} = 9.35 > 3$，取 $\psi = 0$

则 $\eta \gamma f A_l = 0.7 \times 2 \times 1.50 \times 37198 = 78115.8\text{N} = 78.12\text{kN}$

$$> \psi N_0 + N_1 = 80\text{kN}$$

经验算，梁端下砌体局部受压满足要求。

2.3 网状配筋砌体的承载力验算

配筋砖砌体按受力情况不同，分别采用不同配筋形式：以轴向力为主的构件采用网状配筋为宜，以偏心力为主的构件采用竖向纵配筋为宜。在此，我们主要研究以轴向力为主的构件采用网状配筋砌体。

2.3.1 网状配筋砖砌体构件的适用范围

1. 网状配筋砖砌体构件适用于受压构件的截面尺寸受到限制时，但对偏心距超过核心范围的矩形截面 $e/h>0.17$，或高厚比 $\beta>16$ 的情况则不宜采用网状配筋。

2. 当网状配筋砖砌体构件下端与无筋砌体交接时，应验算交接处无筋砌体的局部受压承载力。

2.3.2 网状配筋砖砌体构件的承载力

网状配筋砖砌体构件的承载力计算公式为：

$$\left. \begin{array}{l} N \leqslant \varphi_\mathrm{n} f_\mathrm{n} A \\[2mm] f_\mathrm{n} = f + 2\left(1 - \dfrac{2e}{y}\right)\dfrac{\rho}{100} f_\mathrm{y} \\[2mm] \rho = (V_\mathrm{s}/V)\,100 \end{array} \right\} \tag{2-8}$$

式中 N——轴向力设计值；

f_n——网状配筋砖砌体的抗压强度设计值；

A——截面面积；

e——轴向力的偏心距；

y——截面重心到偏心方向边缘距离；

f_y——受拉钢筋设计强度，当 $f_\mathrm{y}>320\mathrm{N/mm^2}$ 时，仍采用 $f_\mathrm{y}=320\mathrm{N/mm^2}$；

ρ——体积配筋率，$\rho=(V_\mathrm{s}/V)\,100$，其中 V_s、V 分别为钢筋和砌体的体积；采用截面面积为 A_s 钢筋方格网时，网格尺寸为 a，钢筋网的间距为 s_n 时，则：

$$\rho = \frac{2A_\mathrm{s}}{a s_\mathrm{n}}100 \qquad (1\% \geqslant \rho \geqslant 0.1\%) \text{（可直接查表 2-15）}$$

φ_n——高厚比和配筋率以及轴向力的偏心距对网状配筋砖砌体受压构件承载力的影响系数，查表 2-16。

网状配筋百分率值 ρ 及 $2\rho f_\mathrm{y}/100$ 值　　　　　　　　　　　　表 2-15

网格间距（a） 网片间距（s_n）	ϕ^b　　$4A_\mathrm{s}=12.6\mathrm{mm^2}$　　$f_\mathrm{y}=320\mathrm{N/mm^2}$								
	40	45	50	55	60	65	70	75	80
三皮砖 189mm	0.33	0.30	0.27	0.24	0.22	0.21	0.19	0.18	0.17
	2.13	1.90	1.71	1.55	1.42	0.31	1.22	1.14	1.07
四皮砖 252mm	0.25	0.22	0.20	0.18	0.17	0.15	0.14	0.13	0.13
	1.60	1.42	1.28	1.16	1.07	0.98	0.91	0.85	0.80
五皮砖 315mm	0.20	0.18	0.16	0.15	0.13	0.12	0.11	0.11	0.10
	1.28	1.14	1.02	0.93	0.85	0.79	0.73	0.68	0.64

网格间距（a）	ϕ^b		$5A_s = 19.6\text{mm}^2$		$f_y = 320\text{N/mm}^2$				
网片间距（s_n）	40	45	50	55	60	65	70	75	80
三皮砖189mm	0.52	0.46	0.41	0.38	0.35	0.32	0.30	0.28	0.26
	3.32	2.95	2.65	2.41	2.21	2.04	1.90	1.77	1.66
四皮砖252mm	0.39	0.35	0.31	0.28	0.26	0.24	0.22	0.21	0.19
	2.49	2.21	1.99	1.81	1.66	1.53	1.42	1.33	1.24
五皮砖315mm	0.31	0.28	0.25	0.23	0.21	0.19	0.18	0.17	0.16
	1.99	1.77	1.59	1.45	1.33	1.23	1.14	1.06	1.00

网格间距（a）	ϕ^b		$6A_s = 28.3\text{mm}^2$		$f_y = 210\text{N/mm}^2$				
网片间距（s_n）	40	45	50	55	60	65	70	75	80
三皮砖189mm	0.75	0.67	0.60	0.54	0.50	0.46	0.43	0.40	0.37
	3.14	2.80	2.52	2.29	2.10	1.94	1.80	1.68	1.53
四皮砖252mm	0.56	0.50	0.45	0.41	0.37	0.35	0.32	0.30	0.28
	2.36	2.10	1.89	1.72	1.57	1.45	1.35	1.26	1.18
五皮砖315mm	0.45	0.40	0.36	0.33	0.30	0.28	0.26	0.24	0.23
	1.89	1.68	1.51	1.37	1.26	1.16	1.08	1.01	0.94

网格间距（a）	ϕ^b		$8A_s = 50.2\text{mm}^2$		$f_y = 320\text{N/mm}^2$				
网片间距（s_n）	40	45	50	55	60	65	70	75	80
三皮砖189mm	—	—	—	1.00	0.89	0.82	0.76	0.71	0.66
	4.06			4.06	3.72	3.43	3.19	2.97	2.79
四皮砖252mm	1.00	0.89	0.80	0.72	0.66	0.61	0.57	0.53	0.50
	4.18	3.72	3.35	3.04	2.79	2.57	2.39	2.23	2.09
五皮砖315mm	0.80	0.71	0.64	0.58	0.53	0.49	0.46	0.43	0.40
	3.35	2.97	2.68	2.43	2.23	2.06	1.91	1.78	1.67

注：1. 表中数值上一行为 $\rho = \dfrac{2A_s}{as_n}100$ 的 ρ 值，下一行为公式（2-8）中第二式的 $2\dfrac{\rho}{100}f_y$ 值；

2. $1\% \geqslant \rho \geqslant 0.1\%$；

3. 采用点焊钢筋网时，直径不宜大于 $\phi 4$，采用连弯钢筋网时，直径不应大于 $\phi 8$；

4. 钢筋竖向间距不应大于五皮砖，并不应大于400mm；钢筋间距不小于120mm，且不大于30mm；

5. 砖强度不小于MU10，砂浆强度不小于M7.5，灰缝厚应保证网筋上下至少各有2mm厚的砂浆层。

网状配筋砖砌体受压构件承载力的影响系数 φ_n　　　　　表 2-16

ρ	β $\diagdown$ e/h	0	0.05	0.10	0.15	0.17
0.1	4	0.97	0.89	0.78	0.67	0.63
	6	0.93	0.84	0.73	0.62	0.58
	8	0.89	0.78	0.67	0.57	0.53
	10	0.84	0.72	0.62	0.52	0.48
	12	0.78	0.67	0.56	0.48	0.44
	14	0.72	0.61	0.52	0.44	0.41
	16	0.67	0.56	0.47	0.40	0.37

ρ	β \\ e/h	0	0.05	0.10	0.15	0.17
0.3	4	0.96	0.87	0.76	0.65	0.61
	6	0.91	0.80	0.69	0.59	0.55
	8	0.84	0.74	0.62	0.53	0.49
	10	0.78	0.67	0.56	0.47	0.44
	12	0.71	0.60	0.51	0.43	0.40
	14	0.64	0.54	0.46	0.38	0.36
	16	0.58	0.49	0.41	0.35	0.32
0.5	4	0.94	0.85	0.74	0.63	0.59
	6	0.88	0.77	0.66	0.56	0.52
	8	0.81	0.69	0.59	0.50	0.46
	10	0.73	0.62	0.52	0.44	0.41
	12	0.65	0.55	0.46	0.39	0.36
	14	0.58	0.49	0.41	0.35	0.32
	16	0.51	0.43	0.36	0.31	0.29
0.7	4	0.93	0.83	0.72	0.61	0.57
	6	0.86	0.75	0.63	0.53	0.50
	8	0.77	0.66	0.56	0.47	0.43
	10	0.68	0.58	0.49	0.41	0.38
	12	0.60	0.50	0.42	0.36	0.33
	14	0.52	0.44	0.37	0.31	0.30
	16	0.46	0.38	0.33	0.28	0.26
0.9	4	0.92	0.82	0.71	0.60	0.56
	6	0.83	0.72	0.61	0.52	0.48
	8	0.73	0.63	0.53	0.45	0.42
	10	0.64	0.54	0.46	0.38	0.36
	12	0.55	0.47	0.39	0.33	0.31
	14	0.48	0.40	0.34	0.29	0.27
	16	0.41	0.35	0.30	0.25	0.24
1.0	4	0.91	0.81	0.70	0.59	0.55
	6	0.82	0.71	0.60	0.51	0.47
	8	0.72	0.61	0.52	0.43	0.41
	10	0.62	0.53	0.44	0.37	0.35
	12	0.54	0.45	0.38	0.32	0.30
	14	0.46	0.39	0.33	0.28	0.26
	16	0.39	0.34	0.28	0.24	0.23

【例 2-5】 一网状配筋砖柱，截面尺寸为 370mm × 490mm，柱计算高度为 4m，承受 N = 185kN，M = 14.8kN.m（沿长边），网状配筋选用 $\phi^{b}4$ 冷拔低碳钢丝焊接网，A_S = 12.6mm^2，f_y = 320N/mm^2，钢丝网格间距为 50mm，钢丝网片间距为四皮砖，S_n = 260mm，采用 MU10 烧结普通砖，M5 混合砂浆砌筑，试验算其强度。

【解】 1. 验算偏心方向的受压承载力

$$\rho = \frac{2A_s}{as_n}100(1\% \geqslant \rho \geqslant 0.1\%) = \frac{2 \times 12.6}{50 \times 260}100 = 0.194(1\% \geqslant \rho \geqslant 0.1\%)$$

$$e_0 = \frac{M}{N} = \frac{14.8 \times 10^6}{185 \times 10^3} = 80mm$$

由砖的强度等级 MU10 和砌筑砂浆强度等级 M5，查表 2-1 得砌体抗压强度设计值 $f = 1.50\text{MPa}$（N/mm^2）

网状配筋砖砌体的抗压强度设计值 f_n 为：

$$f_n = f + 2\left(1 - \frac{2e}{y}\right)\frac{\rho}{100}f_y = 1.50 + 2\left(1 - \frac{2 \times 80}{490/2}\right)\frac{0.194}{100} \times 320 = 1.93$$

$$\beta = \frac{H_0}{h} = \frac{4000}{490} = 8.2$$

$$\frac{e_0}{h} = \frac{80}{490} = 0.16$$

查表 2-16，用内插法得网状配筋砖砌体受压构件承载力的影响系数 $\varphi_n = 0.53$，计算过程见表 2-17、表 2-18。

$\rho = 0.1$ 和 $\rho = 0.3$，$\beta = 8.2$ 且 $e/h = 0.16$ 时的 φ_n 值计算　　　　表 2-17

ρ	β　e/h	0.15	0.17	0.16（推出）
0.1	8	0.57	0.53	0.55
	10	0.52	0.48	0.50
	8.2（推出）			0.55
0.3	8	0.53	0.49	0.51
	10	0.47	0.44	0.46
	8.2（推出）			0.51

则 $\varphi_n f_n A = 0.53 \times 1.93 \times 370 \times 490 = 185451.77\text{N} = 185.45$（kN）$\geqslant N = 185\text{kN}$

经验算，长边偏心方向满足强度要求。

2. 验算短边方向轴心的受压承载力

$$\beta = \frac{H_0}{h} = \frac{4000}{370} = 10.8$$

查表 2-16，用内插法得网状配筋砖砌体受压构件承载力的影响系数 $\varphi_n = 0.79$，计算过程见表 2-19 和表 2-20。

$\rho = 0.194$，$\beta = 8.2$ 时的 φ_n 值计算　　表 2-18

ρ	β　e/h	0.16
0.1	8.2	0.55
0.3	8.2	0.51
0.194	8.2	0.53

$\rho = 0.1$ 和 $\rho = 0.3$，$\beta = 10.8$ 且 $e/h = 0$ 时的 φ_n 值计算　　表 2-19

ρ	β　e/h	0
0.1	10	0.84
	12	·0.78
	10.8（推出）	0.82
0.3	10	0.78
	12	0.71
	10.8（推出）	0.75

$\rho = 0.194$，$\beta = 10.8$ 时的 φ_n 值计算　　表 2-20

ρ	β　e/h	0
0.1	10.8	0.82
0.3	10.8	0.75
0.194	10.8	0.79

$$\varphi_n f_n A = 0.79 \times 1.93 \times 370 \times 490 = 276428.11\text{N} = 276.43\text{kN}$$

$$\geqslant N = 185\text{kN}$$

经验算，短边轴心方向满足强度要求。

课题3 砌体结构及构件的构造要求

3.1 墙、柱高厚比验算

3.1.1 一般墙、柱高厚比验算

一般墙、柱高厚比验算的公式为：

$$\beta = \frac{H_0}{h} \leq \mu_1 \mu_2 [\beta] \tag{2-9}$$

式中　H_0——墙、柱的计算高度，按表 2-24 采用；

　　　h——墙厚或矩形柱与 H_0 相对应的边长；

　　　μ_1——厚度 $h \leq 240mm$ 的自承重墙允许高厚比的修正系数，按表 2-21 采用；

　　　μ_2——有门窗洞口墙的允许高厚比的修正系数，按表 2-22 采用；其计算公式为：

$$\mu_2 = 1 - 0.4 \frac{b_s}{s}$$

　　　$[\beta]$——墙、柱的允许高厚比限值，按表 2-23 采用。

修 正 系 数 μ_1　　　　　　　　表 2-21

墙　厚	墙上端的支承情况		墙　厚	墙上端的支承情况	
	上端有支承点	上端自由		上端有支承点	上端自由
240	1.20	1.56	120	1.44	1.87
180	1.32	1.72	90	1.50	1.95

注：对厚度小于 90mm 的墙，当双面用不低于 M10 的水泥砂浆抹面，包括抹面层的墙厚不小于 90mm 时，可按墙厚等于 90mm 验算高厚比。

修 正 系 数 μ_2　　　　　　　　表 2-22

b_s/s	0	0.05	0.10	0.15	0.20	0.25	0.30	0.35
μ_2	1.0	0.98	0.96	0.94	0.92	0.90	0.88	0.86
b_s/s	0.40	0.45	0.50	0.55	0.60	0.65	0.70	≥ 0.75
μ_2	0.84	0.82	0.80	0.78	0.76	0.74	0.72	0.70

注：b_s 为在宽度范围内的门窗洞口宽度；
　　s 为相邻窗间墙之间或壁柱间的距离。

墙、柱的允许高厚比限值 $[\beta]$　　　　　　　　表 2-23

砂浆强度等级	一般无筋砌体构件		毛石砌体构件		组合砖砌体构件	
	墙	柱	墙	柱	墙	柱
M2.5	22	15	18	12	26	18
M5.0	24	16	19	13	28	19
$\geq$M7.5	26	17	21	14	28	20

注：验算施工阶段砂浆尚未硬化的新砌体高厚比时，允许高厚比对墙取 14，对柱取 11。

3.1.2 带壁柱墙的高厚比验算

带壁柱墙的高厚比验算的公式为：

$$\beta = \frac{H_0}{h_T} \leqslant \mu_1\mu_2[\beta] \qquad (2\text{-}10)$$

式中　H_0——墙柱的计算高度，按表 2-24 采用；

　　　h_T——带壁柱墙截面折算厚度，即 T 形截面的折算厚度，可近似取 $3.5i$ 计算；

　　　i——T 形截面的回转半径，$i = \sqrt{\dfrac{I}{A}}$；

　　　I——T 形截面的惯性矩；

μ_1、μ_2、$[\beta]$——同前。

1. 确定计算高度 H_0 和允许高厚比 $[\beta]$ 时，应注意以下两点：

（1）当与墙连接的相邻两横墙的间距 $s \leqslant \mu_1\mu_2[\beta]h$ 时，墙的高度可不受公式的限制。

（2）变截面柱的高厚比按上、下截面分别验算。上柱的允许高厚比按表 2-23 数值乘以 1.3 后采用。

2. 受压构件的计算高度 H_0

受压构件的计算高度 H_0 与构件高度 H 有关，构件高度 H 应按规定采用：

（1）在房屋底层，为楼板顶面到构件下端支点的距离。下端支点的位置，可取在基础顶面。当埋置较深且刚性地坪时，可取室外地面下 500mm 处。

（2）在房屋其他层，为楼板或其他水平支点间的距离。

（3）对于无壁柱的山墙，可取层高加山墙尖高度的 1/2；对于带壁柱的山墙可取壁柱处的山墙高度。

（4）自承重墙的计算高度应根据周边支承或拉接条件确定。

受压构件的计算高度 H_0，见表 2-24 所示：

受压构件的计算高度 H_0 　　　　　　　　　　　　　　　　表 2-24

房　屋　类　别		柱		带壁柱墙或周边拉结的墙		
		排架方向	垂直排架方向	$s > 2H$	$2H \geqslant s > H$	$s \leqslant H$
有吊车的单层房屋	变截面柱上段 弹性方案	$2.5H_u$	$1.25H_u$	$2.5H_u$		
	变截面柱上段 刚性、刚弹性方案	$2.0H_u$	$1.25H_u$	$2.0H_u$		
	变截面柱下段	$1.0H_l$	$0.8H_l$	$1.0H_l$		
无吊车的单层和多层房屋	单跨 弹性方案	$1.5H$	$1.0H$	$1.5H$		
	单跨 刚弹性方案	$1.2H$	$1.0H$	$1.2H$		
	两跨或多跨 弹性方案	$1.25H$	$1.0H$	$1.25H$		
	两跨或多跨 刚弹性方案	$1.10H$	$1.0H$	$1.1H$		
	刚性方案	$1.0H$	$1.0H$	$1.0H$	$0.4s + 0.2H$	$0.6s$

注：1. 表中 H_u 为变截面柱的上段高度，H_l 为变截面柱的下段高度；

　　2. 对于上端为自由端的构件，$H_0 = 2H$；

　　3. 独立砖柱，当无柱间支撑时，柱在垂直排架方向的 H_0 应按表中数值乘以 1.25 后采用。

3. 砌体房屋静力计算分类

砌体结构房屋静力计算根据房屋的空间工作性能划分为刚性方案、刚弹性方案和弹性方案。各类方案的划分见表 2-25。

【例 2-6】　某办公楼平面布置如图 2-9 所示，试验算多层混合结构房屋底层各墙的高厚比。已知纵横承重墙墙厚均为 240mm，墙高为 4.6m（下端支点取基础顶面）。隔墙为 120mm，高 3.6m，砌体均采用 M5 砂浆砌筑，按刚性方案考虑。

砌体房屋静力方案　　　　　　　　　　　　　　表 2-25

	屋盖或楼盖类别	刚性方案	刚弹性方案	弹 性 方 案
1	整体式、装配整体和装配式无檩体系钢筋混凝土屋盖或钢筋混凝土楼盖	$s<32$	$32 \leqslant s \leqslant 72$	$s>72$
2	装配式有檩体系钢筋混凝土屋盖、轻钢屋盖和有密铺望板的木屋盖或木楼盖	$s<20$	$20 \leqslant s \leqslant 48$	$s>48$
3	瓦材屋面的木屋盖和轻钢屋盖	$s<16$	$16 \leqslant s \leqslant 36$	$s>36$

注：1. 表中 s 为房屋横墙间距，其长度单位为"m"；
　　2. 对无山墙或伸缩缝处无横墙的房屋，应按弹性方案考虑。

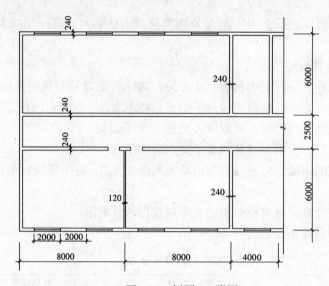

图 2-10　例题 2-6 附图

【解】　1. 纵墙高厚比验算

纵墙的高度　$H = 4.6\text{m}$

横墙的间距　$s = 4 \times 4 = 16\text{m} > 2H = 9.2\text{m}$

根据表 2-24 得，纵墙的计算高度　$H_0 = 1.0H = 4.6\text{m}$

$b_s/s = 2/4 = 0.5$，查表 2-22 得，$\mu_2 = 0.8$

$$\beta = \frac{H_0}{h} = \frac{4600}{240} = 19.17 < \mu_1\mu_2[\beta] = 1 \times 0.8 \times 24 = 19.2$$

纵墙高厚比满足要求。

2. 横墙高厚比验算

横墙的高度　　$H = 4.6\text{m} < 2H = 9.2\text{m}$

纵墙的间距　　$s = 6\text{m} > H = 4.6\text{m}$

根据表 2-24 得，横墙的计算高度

$$H_0 = 0.4s + 0.2H = 0.4 \times 6 + 0.2 \times 4.6 = 3.32\text{m}$$

$$\beta = \frac{H_0}{h} = \frac{3320}{240} = 13.8 < \mu_1\mu_2[\beta] = 1 \times 1 \times 24 = 24$$

横墙高厚比满足要求。

3．隔墙高厚比验算

因隔墙上端砌筑时一般用斜放立砖顶住楼板，故应按顶端不动铰支座考虑，两侧与纵墙拉结不好，故按两侧无拉结考虑。

根据表 2-24 得，隔墙的计算高度 $H_0 = 1.0H = 3.6\text{m}$

根据表 2-9 得，高厚比修正系数 $\gamma_\beta = 1.1$

$$\beta = \gamma_\beta = \frac{H_0}{h} = 1.1 \times \frac{3600}{190} = 20.8 < \mu_1\mu_2[\beta] = 1 \times 1 \times 24 = 24$$

隔墙高厚比满足要求。

3.2 一般构造要求

砌体结构房屋除进行承载体强度和高厚比验算外，尚应满足砌体结构的一般构造要求，如采取防止墙体开裂的措施，保证房屋的整体性和空间刚度。

3.2.1 材料强度等级要求

五层及五层以上房屋的墙，以及受振动或层高大于 6m 的墙、柱所用材料的最低强度等级要求为：

1．砖采用 MU10（砌块采用 MU7.5、石材采用 MU30）和砂浆采用 M5。对于安全等级为一级或设计使用年限大于 50 年的房屋，材料强度等级应至少提高一级。

2．在室内地面以下，室外散水坡顶面以上的砌体内应铺设防潮层。防潮层一般采用防水水泥砂浆；勒脚部位应采用水泥砂浆粉刷。

3．地面以下或防潮层以下的砌体，潮湿房间墙，所用材料的最低强度等级应符合表 2-26 的要求。

地面以下或防潮层以下的砌体，潮湿房间墙所用材料的最低强度等级　　表 2-26

基土的潮湿程度	浇结普通砖、蒸压灰砂砖		混凝土砌块	石　材	水泥砂浆
	严寒地区	一般地区			
稍潮湿的	MU10	MU10	MU7.5	MU30	M5
很潮湿的	MU15	MU10	MU7.5	MU30	M7.5
含水饱和的	MU20	MU15	MU10	MU40	M10

3.2.2 构件及墙体一般要求

1．承重的独立砖柱，截面尺寸不应小于 240mm×370mm。当有振动荷载时，墙、柱不宜采用毛石砌体。

2．跨度大于 6m 的屋架、及大于 4.8m 或 4.2m（对砌块砌体）的梁，其支承面下的砌体应设置钢筋混凝土垫块，当与圈梁相遇时，应与圈梁浇成整体，当 240mm 厚砖墙承受 6m 大梁或砌块墙承受 4.8m 大梁时，则应加设壁柱。跨度大于 9m 的屋架、预制梁，其端部与砌体应采用锚固措施。

3．预制钢筋混凝土板的支承长度，在墙上不宜小于 100mm；在圈梁上不宜小于 80mm。预制钢筋混凝土梁在墙上的支承长度不宜小于 240mm。

4．填充墙、隔墙应分别采取措施与周边构件可靠连接。

5．山墙处的壁柱宜砌至山墙顶部，屋面构件应与山墙可靠拉结。

3.2.3 砌块砌体的构造要求

1．砌块砌体应分皮错缝搭砌，上下皮搭砌长度不小于 90mm。当搭砌长度不满足要求时，应在水平灰缝内设置不少于 2φ4 的焊接钢筋网片，网片每端均应超过该垂直缝，其长度不得小于 300mm。

2．砌块墙与后砌隔墙交接处，应沿墙高每 400mm 在水平灰缝内设置不少于 2φ4、横筋间距不大于 200mm 的焊接钢筋网片。

3．混凝土砌块墙体的灌孔要求：

在表 2-27 所列部位，应采用不低于 Cb20 灌孔混凝土将孔灌实。

砌块墙体灌孔要求　　　　　　　　　　　　　　　　表 2-27

灌孔位置	灌孔长度	灌孔高度	灌孔位置	灌孔长度	灌孔高度
纵横墙交接处	墙中心线每边各 ≥300mm	墙身全高	屋架、梁支承面下	≥600mm	≥600mm
搁栅、檩条、楼板	支承面下	≥200mm	挑梁友承面下	墙中心线每边≥300mm	≥600mm

4．在砌体中留槽洞及埋设管道时，应遵守下列规定：

（1）不应在截面长边小于 500mm 的承重墙体、独立柱内埋设管线；

（2）不宜在墙体中穿行暗线或预留、开凿沟槽，无法避免时应采取必要的措施或按削弱后的截面验算墙体的承载力。但允许在受力较小或未灌孔的砌块砌体和墙体的竖向孔洞中设置管线。

5．夹心墙应符合下列规定：

（1）混凝土砌块的强度等级不应低于 MU10；

（2）夹心墙的夹层厚度不宜大于 100mm；

（3）夹心墙外叶墙的最大横向支承间距不宜大于 9m。

3.3　砌体结构的抗震构造

在抗震地区的砌体结构房屋，除满足强度、高厚比等要求外，还应执行《抗震规范》规定的一系列提高砌体房屋结构延性和抗震性能的构造措施，使砌体结构具备必要的抗震性能。如使用圈梁和构造柱提高其延性，合理布置墙体，限制房屋高度（或层数），加强整体构造措施；再如使用砖的强度应不小于 MU10，砂浆的强度应不小于 M5；混凝土小型砌块的强度等级不小于 MU7.5，使用砌筑砂浆的强度应不小于 M7.5。

3.3.1　砌体结构抗震设计的一般规定

1．一般情况下，多层砌体房屋的总高度和层数，房屋最大高宽比不应超过表 2-29 的要求。对医院、教学楼等横墙较少的砖房总高度应比表 2-28 中规定的相应降低 3 m，层数相应减少一层（横墙较少是指同一楼层内开间大于 4.2m 的房间占该层总面积的 40% 以上）。

房屋的层数和总高度限值　　　　　　　　　　　　　表 2-28

房屋类别		最小墙厚度（mm）	烈　　　度							
			6		7		8		9	
			高度	层数	高度	层数	高度	层数	高度	层数
多层砌体	普通砖	240	24	8	21	7	18	6	12	4
	多孔砖	240	21	7	21	7	18	6	12	4
	多孔砖	190	21	7	18	6	15	5	—	—
	小砌块	190	21	7	21	7	18	6	—	—

房屋最大高宽比				表 2-29
烈　　度	6	7	8	9
最大高宽比	2.5	2.5	2.0	1.5

2．多层房屋的总高度与总宽度的最大比值，宜符合表 2-29 的要求。

3．房屋抗震横墙的间距，不应超过表 2-30 的要求。

房屋抗震横墙最大间距 表 2-30

房　屋　类　别		烈　　　　度			
		6	7	8	9
多层砌体	现浇或装配整体式钢筋混凝土楼、屋盖	18	18	15	11
	装配式钢筋混凝土楼、屋盖	15	15	11	7
	木楼、屋盖	11	11	7	4
底部框架-抗震墙	上部各层	同多层砌体房屋			—
	底层或底部两层	21	18	15	—
多排柱内框架		25	21	18	—

4．房屋中砌体墙段的局部尺寸限值，应符合表 2-31 的要求。

房屋的局部尺寸限值 表 2-31

部　　　　　　　位	6	7	8	9
承重窗间墙最小宽度	1.0	1.0	1.2	1.5
承重外墙尽端至门窗洞边的最小距离	1.0	1.0	1.2	1.5
非承重外墙尽端至门窗洞边的最小距离	1.0	1.0	1.0	1.0
内墙阳角至门窗洞边的最小距离	1.0	1.0	1.5	2.0
无锚固女儿墙（非出入口）的最大高度	0.5	0.5	0.5	0.0

5．多层砌体房屋的结构体系应优先采用横墙承重或纵、横墙共同承重的结构体系。纵、横墙的布置宜均匀对称，沿平面宜对齐、沿竖向应上下连续；同一轴线上的窗间墙宽度宜均匀。楼梯不宜设在房屋的尽端和转角处。

6．8 度和 9 度且有下列情况之一时，宜设置防震缝，缝两侧均应设置墙体，缝宽 50～100mm：

（1）房屋立面高差在 6m 以上；

（2）房屋楼面有错层或楼板标高差 0.6m 及其以上；

（3）房屋各部分结构刚度，质量差异较大。

3.3.2　砖砌体房屋抗震构造措施

1．圈梁、构造柱的设置和构造要求。在砖混结构的房屋中，应按要求设置钢筋混凝土圈梁和构造柱，其设置和构造要求，在一单元砌体墙的构造中已讲述。

2．楼、屋盖的构造要求：

（1）现浇钢筋混凝土楼板或屋面板伸进纵、横墙内的长度，均不应小于 120 mm。

（2）当板的跨度大于 4.8m 并与外墙平行时，靠外墙的预制板侧边应与墙或圈梁拉结（见图 2－11）。

（3）在房屋端部大房间的楼盖处，地震烈度为 8 度时房屋的屋盖和地震烈度为 9 度

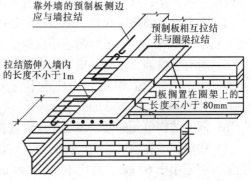

图 2-11　预制板与墙的拉结

时房屋的楼盖、屋盖处，当圈梁设在板底时，钢筋混凝土预制板应相互拉结，并应与梁、墙或圈梁拉结。

3. 墙体的构造要求。地震烈度为 7 度时长度大于 7.2m 的大房间，及地震烈度为 8 度和地震烈度为 9 度时外墙转角及内外墙交接处，应沿墙高每隔 500mm 配置 2φ6 拉结钢筋，并每边伸入墙内不宜小于 1m（见图 2-12）。后砌的非承重砖墙应沿墙高每隔 500mm 配置 2φ6 钢筋与承重墙拉结，每边伸入墙内不宜小于 0.5m。地震烈度为 8 度和地震烈度为 9 度时长度大于 5.1m 的后砌非承重隔墙的墙顶，尚应与楼板或梁拉结。

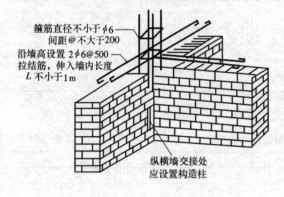

箍筋直径不小于 φ6
间距 @ 不大于 200
沿墙高设置 2φ6@500
拉结筋，伸入墙内长度
L 不小于 1m

纵横墙交接处
应设置构造柱

图 2-12　内外墙交接处构造柱与墙的拉结

4. 楼梯间的构造要求：

（1）地震烈度为 8 度和地震烈度为 9 度时，顶层楼梯间横墙和外墙应沿墙高每隔 500mm 配置 2φ6 通长钢筋；9 度时其他各层楼梯间墙体应在休息平台或楼层半高处设置 60mm 厚的钢筋混凝土带或配筋砖带，其砂浆强度等级不应低于 M7.5，纵向钢筋不应少于 2φ10。

（2）地震烈度为 8 度和地震烈度为 9 度时，楼梯间及门厅内墙阳角处的大梁支承长度不应小于 500mm，并应与圈梁连接。

（3）装配式楼梯段应与平台板的梁可靠连接；不应采用墙中悬挑式踏步或踏步竖肋插入墙体的楼梯，不应采用无筋砖砌栏板。

（4）突出屋顶的楼、电梯间，构造柱应伸到顶部，并与顶部圈梁连接，内外墙交接处应沿墙高每隔 500mm 配置 2φ6 拉结钢筋，且每边伸入墙内不应小于 1m。

5. 横墙较少的砖混结构中，房屋总高度和层数接近或达到表 2-28 规定限值，应采取的加强措施。

（1）房屋的最大开间尺寸不宜大于 6.6m。

（2）同一结构单元内横墙错位数量不宜超过横墙总数的 1/3，且连续错位不宜多于两道；错位的墙体交接处均应增设构造柱，且楼、屋面板应采用现浇钢筋混凝土板。

（3）横墙和内纵墙上洞口的宽度不宜大于 1.5m；外纵墙上洞口的宽度不宜大于 2.1m 或开间尺寸的一半；且内外墙上洞口位置不应影响内外纵墙与横墙的整体连接。

（4）所有纵横墙均应在楼、屋盖标高处设置加强的现浇钢筋混凝土圈梁；圈梁的截面高度不宜小于 150mm，上下纵筋各不应少于 3φ10，箍筋不小于 φ6，间距不大于 300mm。

（5）所有纵横墙交接处及横墙的中部，均应增设满足下列要求的构造柱：在横墙内的柱距不宜大于层高，在纵墙内的柱距不宜大于 4.2m，最小截面尺寸不宜小于 240mm×240mm，配筋应符合表 2-32 的要求。

（6）同一结构单元的楼、屋面板应设置在同一标高处。

（7）房屋底层和顶层的窗台标高处，宜设置沿纵横墙通长的水平现浇钢筋混凝土带；其截面高度不小于 60mm，宽度不小于 240mm，纵向钢筋不少于 3φ6。

6. 其他构造要求

位　　置	纵　向　钢　筋			箍　　筋		
	最大配筋率（%）	最小配筋率（%）	最小直径（mm）	加密区范围（mm）	加密区间距（mm）	最小直径（mm）
角柱	1.8	0.8	14	全　高	100	6
边柱			14	上端 700 下端 500		
中柱	1.4	0.6	12			

（1）门窗洞口处不应采用无筋砖过梁；过梁支承长度，6~8 度时不应小于 240mm，9 度时不应小于 360mm。

（2）预制阳台应与圈梁和楼板的现浇板带可靠连接。

（3）后砌的非承重砌体隔墙应符合轻质、均匀对称布置和主体结构有可靠的柔性连接，不得采用嵌砌砌体墙。

（4）同一结构单元的基础（或桩承台），宜采用同一类型的基础，底面宜埋置在同一标高上，否则应增设基础圈梁并应按 1:2 的台阶逐步放坡。

3.3.3　砌块房屋抗震构造措施

1. 芯柱的设置和构造要求

（1）小砌块房屋应按表 2-33 的要求设置钢筋混凝土芯柱，对医院、教学楼等横墙较少的房屋，应根据房屋增加一层后的层数执行。

小砌块房屋芯柱设置要求　　　　　　　　表 2-33

房屋层数			设　置　部　位	设　置　数　量
6 度	7 度	8 度		
四、五	三、四	二、三	外墙转角，楼梯间四角；大房间内外墙交接处；隔 15m 单元横墙与外纵墙交接处	外墙转角，灌实 3 个孔；内外墙交接处，灌实 4 个孔
六	五	四	外墙转角，楼梯间四角；大房间内外墙交接处；山墙与内纵墙交接处，隔开间横墙（轴线）与外纵墙交接处	
七	六	五	外墙转角，楼梯间四角；各内墙（轴线）与外纵墙交接处；地震烈度为 8、9 度时，内纵墙与横墙（轴线）交接处和洞口两侧	外墙转角，灌实 5 个孔；内外墙交接处，灌实 4 个孔；内墙交接处，灌实 4~5 个孔；洞口两侧灌宵 1 个孔
	七	六	同上；横墙内芯柱间距不宜大于 2m	外墙转角，灌实 7 个孔；内外墙交接处，灌实 5 个孔；内墙交接处，灌实 4~5 个孔；洞口两侧灌宵 1 个孔

注：外墙转角、内外墙交接处、楼电梯间四角等部位，应允许采用钢筋混凝土构造柱代替部分芯柱。

（2）小砌块房屋的芯柱，应符合下列构造要求：

①小砌块房屋的芯柱截面尺寸不宜小于 120mm × 120mm。

②芯柱混凝土强度等级，不应低于 C20。

③芯柱的竖向插筋应贯通墙身且与圈梁连接；插筋不应小于 1ϕ12，地震烈度为 7 度时超过五层、地震烈度为 8 度时超过四层和地震烈度为 9 度时，插筋不应小于 1ϕ14。

④芯柱伸入室外地面下 500 mm 或与埋深小于 500 mm 的基础圈梁相连。

⑤为提高墙体抗震受剪承载力而设置的芯柱，宜在墙体内均匀布置，最大净距不宜大于 2.0m。

2．构造柱替代芯柱的构造要求

（1）构造柱最小截面可采用 190mm×190mm，纵向钢筋宜采用 4φ12，箍筋间距不宜大于 250mm，且在柱上、下端宜适当加密；7 度时超过五层、8 度时超过四层和 9 度时，构造柱纵向钢筋宜采用 4φ14，箍筋间距不宜大于 200 mm；外墙转角的构造柱可适当加大截面及配筋。

（2）构造柱与砌块墙连接处应砌成马牙槎，与构造柱相邻的砌块孔洞，地震烈度为 6 度时宜填实，地震烈度为 7 度时应填实，地震烈度为 8 度时应填实并插筋；沿墙高每隔 600 mm 应设拉结钢筋网片，每边伸入墙内不宜小于 1m。

（3）构造柱与圈梁连接处，构造柱的纵筋应穿过圈梁，保证构造柱纵筋上下贯通。

（4）构造柱可不单独设置基础，但应伸入室外地面下 500 mm，或与埋深小于 500 mm 的基础圈梁相连。

3．圈梁的设置和构造要求

（1）小砌块房屋的现浇钢筋混凝土圈梁应按表 2-34 的要求设置，圈梁宽度不应小于 190 mm，配筋不应少于 4φ12，箍筋间距不宜大于 200mm。

小砌块房屋现浇钢筋混凝土圈梁设置要求   表 2-34

墙　类	地　震　烈　度	
	6、7 度	8 度
外墙和内纵墙	屋盖处及每层楼盖处	屋盖处及每层楼盖处
内横墙	同上；屋盖处沿所有横墙；楼盖处间距不应大于 7m；构造柱对应部位	同上；各层所有横墙

（2）小砌块房屋墙体交接处或芯柱与墙体连接处应设置拉结钢筋网片，网片可采用直径 4 mm 的钢筋点焊而成，沿墙高每隔 600 mm 设置，每边伸入墙内不宜小于 1 m。

（3）小砌块房屋的层数，地震烈度为 6 度时七层、地震烈度为 7 度时超过五层、地震烈度为 8 度时超过四层，底层和顶层的窗台标高处，沿纵横墙应设置通长的水平现浇钢筋混凝土带；其截面高度不小于 60 mm，纵筋不少于 2φ10，并应有分布拉结钢筋；其混凝土强度等级不应低于 C20。

习　　题

一、单项选择题

1．无筋砌体构件的承载力按 $N \leqslant \varphi f A$ 计算，其中 φ 值与（　　）有关。

（A）砌体抗压强度设计值　　　　（B）砌体截面面积

（C）高厚比 β 和轴力偏心距 e　　（D）轴力

2．无筋砌体构件的承载力按 $N \leqslant \varphi f A$ 计算，其中 A 值（　　）。

（A）对于其他各类砌体均可按毛截面计算

（B）对于其他各类砌体均按扣除孔洞后的净截面计算

(C) 对于烧结普通砖和石砌体按毛截面计算，对于其他各类砌体按净截面计算

(D) 当 $A \leq 0.3\text{m}^2$ 时用毛截面，当 $A > 0.3\text{m}^2$ 时用净截面

3. 截面尺寸为 240mm × 370mm 的砖砌短柱，当轴向力 N 的偏心距在图 2-13 所示时，其受压承载力的大小顺序为 （　　）。

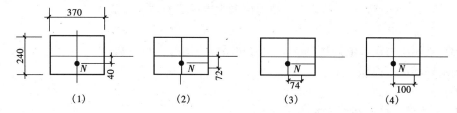

图 2-13

(A) （1）>（3）>（4）>（2）　　　　　　（B）（1）>（2）>（3）>（4）

(C) （3）>（1）>（4）>（2）　　　　　　（D）（3）>（2）>（1）>（4）

4. 当 $\beta = 9$，$e/h = 0.21$，砂浆为 M2.5 水泥砂浆时，求得的 φ 值为 （　　）。

(A) 0.48　　　　（B）0.39　　　　（C）0.46　　　　（D）0.44

5. 在确定影响系数 φ 时，为了考虑不同种类砌体在受力性能上的差异应先对构件高厚比 β 乘以下列系数 （　　）。

(A) 砖砌体和混凝土中型空心砌块砌体 1.0
　　混凝土小型空心砌块砌体 1.0
　　粉煤灰中型空心砌块、硅酸盐砖、细料石和半细料石砌体 1.2
　　粗料石和毛石砌体 1.5

(B) 砖砌体和混凝土中型空心砌块砌体 1.5
　　混凝土小型空心砌块砌体 1.2
　　粉煤灰中型空心砌块、硅酸盐砖、细料石和半细料石砌体 1.1
　　粗料石和毛石砌体 1.0

(C) 砖砌体和混凝土中型空心砌块砌体 1.1
　　混凝土小型空心砌块砌体 1.0
　　粉煤灰中型空心砌块、硅酸盐砖、细料石和半细料石砌体 1.5
　　粗料石和毛石砌体 1.2

6. 在确定受压构件的影响系数时，对于混凝土小型空心砌体的高厚比应乘以 （　　） 的折减系数。

(A) 1.1　　　　（B）1.0　　　　（C）1.5　　　　（D）1.2

7. 在进行无筋砌体受压构件承载力计算时，轴向力的偏心距的叙述中 （　　） 是为正确的。

(A) 应由荷载标准值产生于构件截面的内力计算求得

(B) 应由荷载设计值产生于构件截面的内力计算求得

(C) 大小不受限制

(D) 不宜超过 $0.7y$

8. 无筋砌体受压构件的偏心距 e 不宜超过 （　　）。

(A) $0.7y$　　　　(B) $0.6y$　　　　(C) $0.5y$　　　　(D) $0.95y$

9. 砌体处于局部受压时，其抗压强度（　　）。

(A) 提高　　　　　　　　　　　　(B) 降低

(C) 不提高也不降低　　　　　　　(D) 不可定

10. 梁端支承处砌体局部受压承载力应考虑的因素有（　　）。

(A) 上部荷载的影响

(B) 梁端压力设计值产生的支承压力和压应力图形完整系数

(C) 局部承压面积

(D) A、B 及 C

11. 验算墙、柱的高厚比是为了（　　）。

(A) 满足稳定性要求　　　(B) 满足承载力要求　　　(C) 节省材料

12. 下列哪项措施不能提高砌体受压构件的承载力（　　）。

(A) 提高块体和砂浆的强度等级　　(B) 提高构件的高厚比

(C) 减小构件轴向力偏心距　　　　(D) 增大构件截面尺寸

13. 对于地面以下或防潮层以下的砖砌体，在严寒地区所用材料的最低强度等级为（　　）。

(A) 稍潮湿的基本：MU10 砖 M5 水泥砂浆

(B) 很潮湿的基本：MU10 砖 M7.5 水泥砂浆

(C) 稍潮湿的基本：MU10 砖 M5 水泥砂浆

(D) 很稍潮湿的基本：MU10 砖 M7.5 水泥砂浆

二、计算题

1. 截面尺寸为 490mm×620mm 的砖柱，采用 MU10 普通砖和 M5 混合砂浆砌筑，柱高 7m，二端为不动铰支座，柱顶承受轴心压力为 18t，试验算柱底截面的强度。

2. 某楼面钢筋混凝土梁支承于砖墙上，梁宽为 200mm，墙厚 240mm，墙宽 1000mm，梁有效支承长度为 240mm。砌体局部受压面积上由上部荷载设计值产生的轴向力为 10kN。在进行梁端支承处砌体的局部受压承载力计算时，该荷载的取值为多少？

3. 根据图 2-14 所示局部受压转角墙砌体中，已知 A_l = 240mm×240mm，则其 A_0 等于多少？

4. 试计算图 2-15 所示情况下局部抗压强度提高系数 γ 值。

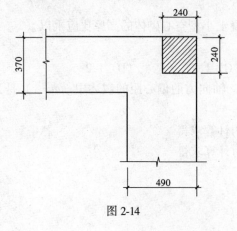

图 2-14

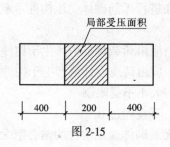

局部受压面积

图 2-15

单元 3　砌体结构工程施工图的识读

知 识 点：房屋建筑图的分类、特点及有关规定，建筑施工图内容和表示方法，结构施工图的内容和表示方法，施工图的识读。

教学目标：了解施工图的有关规定，能熟练地识读房屋建筑图。

课题 1　建筑施工图的基本知识

将一幢拟建房屋的内外形状和大小，以及各部分的结构、构造、装修、设备等内容，按照国家的建筑方针政策，设计规范、标准，结合水文、地质、气象等有关资料，运用制图原理，采用符号、线型、数字、文字来表示建筑物或构筑物以及建筑设备各部位之间的关系及其实际尺寸的图样，称为"房屋建筑图"。由于它是用于指导拟建项目施工的一整套图纸，所以又称为"建筑施工图"。

1.1　房屋建筑图的产生和分类

1.1.1　房屋建筑图的产生

房屋设计一般建筑按两阶段设计，即初步设计和施工图设计。对于大型民用建筑或技术复杂而又缺乏设计经验的工程需按三阶段设计，即初步设计、技术设计和施工图设计。不论两阶段设计还是三阶段设计，建筑施工图均应按正投影原理绘制。正投影原理绘制的原理通常应采用缩小的比例、统一的图例、符号等，在水平投影面上绘制建筑平面图，在正立投影面上绘制建筑立面图，在侧立投影面上绘制建筑剖面图。

1.1.2　房屋建筑图的分类

一套施工图，根据专业分工的不同，可分为：

1. 图纸目录

列出新绘的图纸、所选用的标准图纸或重复利用的图纸等的编号及名称。

2. 设计总说明书

包括施工图设计依据、工程设计规模和建筑面积、本项目的相对标高与绝对标高的定位、建筑材料及装修标准说明等。

3. 建筑施工图（简称建施）

建筑施工图主要表达建筑物的外部形状、内部布置、装饰构造、施工要求等。包括总平面图、各层平面图、立面图、剖面图以及墙身、楼梯、门、窗等构造详图。

4. 结构施工图（简称结施）

结构施工图主要表达承重结构的构件类型、布置情况及构造作法等。包括基础平面图、基础详图、结构布置图及各构件的结构详图。

5. 设备施工图（简称设施）

设备施工图主要表达房屋各专用管线和设备布置及构造等情况。包括给水排水、采暖通风、电气照明等设备的平面布置图、系统图和施工详图。

1.2 房屋施工图的有关规定

1.2.1 定位轴线及编号

1.定位轴线的概念

定位轴线是确定房屋主要承重构件位置及其标志尺寸的基准线，是施工放线和设备安装的依据。

在房屋建筑图中，凡墙、柱、梁、屋架等承重构件，都要画出定位轴线并对轴线进行编号，以确定其位置。对分隔墙、次要构件等非承重构件，可以用附加轴线（分轴线）表示其位置，也可仅注明它们与附近轴线的相关尺寸以确定其位置，如图3-1所示。

2.定位轴线的分类

依定位轴线的位置不同，可分为横向定位轴线和纵向定位轴线。通常把垂直于房屋长度方向的定位轴线称为横向定位轴线，把平行于房屋长度方向的定位轴线称为纵向定位轴线。

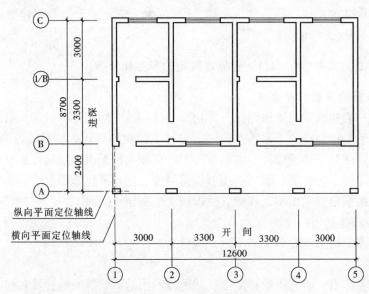

图3-1 定位轴线编号方法

3.定位轴线的绘制

根据国标规定，定位轴线采用细点划线表示；轴线编号的圆圈用细实线，直径一般为8～10mm，其圆心应在定位轴线的延长线上或延长线的折线上，圆内应注写轴线编号。

4.轴线的编号

（1）定位轴线的编号

横向定位轴线的编号应用阿拉伯数字，从左到右按1、2……顺序编写；纵向定位轴线的编号应用大写拉丁字母从下至上按A、B……顺序编写。编写时不用I、O、Z三个字母，以免与阿拉伯数字1、0、2相混。

（2）附加轴线的编号

附加轴线的编号可用分数表示。分母表示前一轴线的编号,分子表示附加轴线的编号,用阿拉伯数字顺序编写,如图3-2所示。

(3) 详图中轴线的编号

在画详图时,如一个详图适用于几个轴线时,应同时将各有关轴线的编号注明,如图3-3所示。

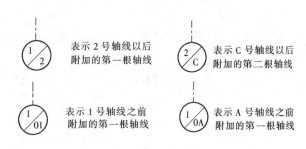

图 3-2 附加定位轴线的编号

1.2.2 索引符号和详图符号

为方便施工时查阅图样,将施工图中无法表达清楚的某一部位或某一构件用较大的比例放大画出,这种放大后的图就称为详图。详图的位置、编号、所在的图纸编号等,常常用索引符号注明。

图 3-3 详图的轴线编号

1. 索引符号

(1) 索引符号的表示

索引符号由直径为 10mm 的圆和其水平直径组成,圆及其水平直径均应以细实线绘制。引出线对准圆心,圆内过圆心画一水平线。

(2) 索引符号的编号

索引符号的圆中,上半圆用阿拉伯数字注明该详图的编号,下半圆中用阿拉伯数字注明该详图所在图纸的图纸号,如图3-4(a)所示。如详图与被索引的图样在同一张图纸内,则在下半圆中画一水平细实线,如图3-4(b)所示。当索引出的详图采用标准图,应在索引符号水平直径的延长线上加注该标准图册的编号,如图3-4(c)所示。

(3) 剖切详图的索引

当索引符号用于索引剖面详图时,应在被剖切的部位绘制剖切位置线,引出线所在的一侧表示剖切后的投影方向,如图3-5(a)、(b)、(c)所示分别表示向下、向上和向左投射。

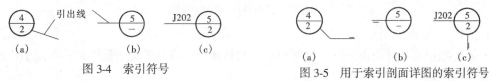

图 3-4 索引符号   图 3-5 用于索引剖面详图的索引符号

2. 详图符号

(1) 详图符号的绘制

表示详图的索引图纸和编号,是用直径为 14mm 的粗实线圆绘制。

(2) 详图符号的表示

详图与被索引的图样同在一张图纸内时,应在符号内用阿拉伯数字注明详图编号,如图3-6(a)所示;如不在同一张图纸内时,可用细实线在符号内画一水平直径,在上半圆中注明详图编号,在下半圆中注明被索引图纸号如图3-6(b)所示,也可不注被索引图纸的图纸号。

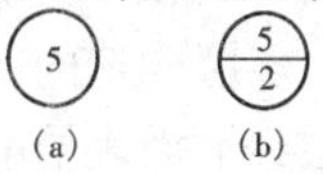

$$\overset{5}{\underset{(a)}{\bigcirc}} \quad \overset{\frac{5}{2}}{\underset{(b)}{\bigcirc}}$$

图 3-6 详图符号

1.2.3 标高

建筑物各部分的竖向高度，常用标高来表示。

（1）标高的分类

标高按基准面的选定情况分为相对标高和绝对标高。相对标高是指标高的基准面

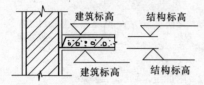

图 3-7 建筑标高与结构标高

根据工程需要，自行选定而引出的标高。一般取首层室内地面 ±0.000 作为相对标高的基准面；绝对标高是根据我国的规定，凡以青岛的黄海平均海平面作为标高基准面而引出的标高，称为绝对标高。

标高按所注的部位分为建筑标高和结构标高。建筑标高是指标注在建筑物完成面处的标高，结构标高是指标注在建筑结构部位处（如梁底、板底）的标高，如图 3-7 所示。

（2）标高符号的表示

标高符号用细实线绘制，短横线是需标注高度的界线，长横线之上或之下注出标高数字。

总平面图上的标高符号，宜用涂黑的三角形表示，如图 3-8（a）所示。

（3）标高数值的标注

标高数值以米为单位，一般注至小数点后三位数。如标高数字前有"－"号的，表示该处完成位置的竖向高度在零点位置以下，如图 3-8（d）所示；如标高数字前没有符号的，则表示该处完成位置的竖向高度在零点位置以上，如图 3-8（c）所示；如同一位置表示几个不同标高时，标高数字可按图 3-8（e）所示。

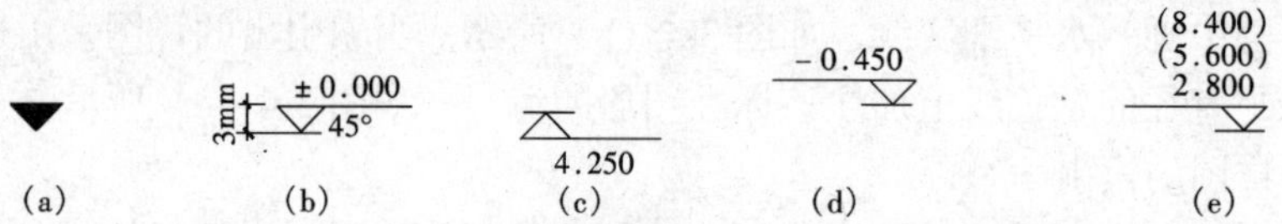

图 3-8 标高数字的注写

（a）总平面图标高；（b）零点标高；（c）正数标高；

（d）负数标高；（e）一个标高符号标注多个标高数字

1.2.4 引出线

对施工图中某些部位由于图形比例较小，其具体内容或要求无法标注时，常用引出线注出文字说明或详图索引符号。

引出线用细实线绘制，并宜用与水平方向成 30°、45°、60°、90° 的直线或经过上述角度再折为水平的折线，如图 3-9（a）所示。若同时引出几个相同部分的引出线，宜相互平行，如图 3-9（b）所示。

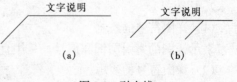

图 3-9 引出线

多层构造的，如屋面、楼（地）面等，其文字说明应采用层层构造说明被引出部位从底层到上面表层的材料做法和要求，说明编排次序应与构造层次保持一致，如图 3-10 所示。

1.2.5 对称符号

当房屋施工图的图形完全对称时，可只画该图形的一半，并画出对称符号，以节省图纸篇幅。

对称符号是在对称中心线（细长点划线）的两端画出两段平行线（细实线）。平行线长度为 6～10mm，间距为 2～3mm，且对称线两侧长度对应相等，如图3-12所示。

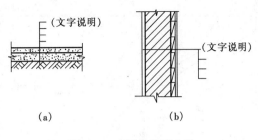

图 3-10　多层构造引出线

1.2.6 指北针

在总平面图及底层建筑平面图上，一般都画有指北针，以指明建筑物的朝向。

指北针用细实线绘制，圆的直径宜为24mm。指针针尖为北向，指针尾端的宽度为3mm，需用较大直径绘制指北针时，指针尾部宽度宜为圆直径的1/8，如图3-12所示。

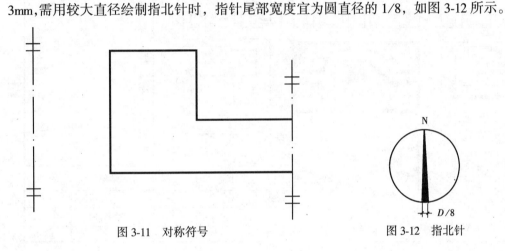

图 3-11　对称符号　　　　　　　图 3-12　指北针

课题 2　建筑施工图

2.1　总平面图

2.1.1 总平面图的形成

将拟建工程四周一定范围内的新建、拟建、原有和拆除的建筑物和构筑物连同周围的地形地物状况，用水平投影方法和相应的图例所画出的图样，即为总平面图，如图3-13所示。它主要表达拟建房屋的平面形状、位置、朝向与周围环境的关系，是新建房屋施工定位放线、土方施工以及施工总平面布置的依据。

2.1.2 总平面图的内容

总平面图的内容大概包括如下方面：

1．标出测量坐标网或施工坐标网。

2．新建筑的定位坐标或相互关系尺寸、名称或编号、层数及室内外标高。

3．相邻有关建筑、拆除建筑的位置或范围。

4．附近的地形地物，如等高线、道路、水沟、河流、池塘、土坡等。

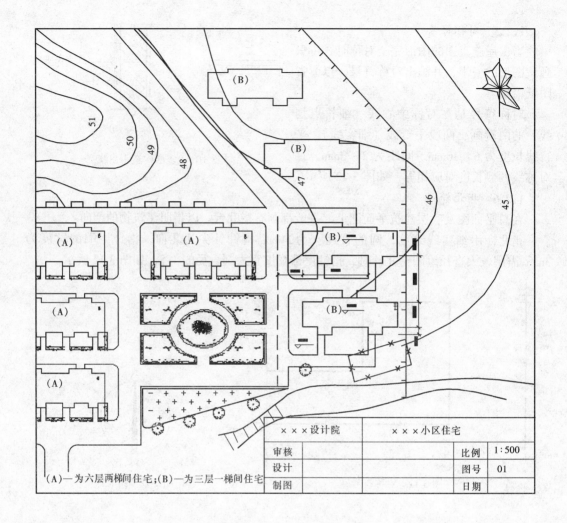

(A)—为六层两梯间住宅;(B)—为三层一梯间住宅

图 3-13 总平面图

5. 道路和明沟等的起点、变坡点、转折点、终点的标高与坡向箭头。

6. 指北针或风玫瑰图。

7. 绿化规划、管道布置。

8. 补充图例等。

2.1.3 总平面图的表示方法

1. 图名、比例

总平面图因图示的地方范围较大,所以绘制时都采用较小的比例,如 1:2000、1:1000、1:500 等。

2. 图例及有关的文字说明

由于总平面图的绘制比例较小,故在图中使用较多的图例符号,常用的图例符号见表 3-1 所示。

3. 标注坐标、标高和距离

总平面图中标注的坐标、标高和距离,均以"m"为单位,并应取至小数点后两位。

房屋的位置可用定位尺寸或坐标确定，定位尺寸应注出与原建筑物或道路中心线的联系尺寸，如图 3-13 所示。用坐标确定位置时，宜注出房屋三个角的坐标，如房屋与坐标轴平行时，可只注出其对角线坐标。

4．风玫瑰图

风向频率玫瑰图，一般画出 16 个方向的长短线来表示该地区常年的风向频率，如图 3-13 中该地区全年最大的风向频率为北风。

总平面图常用图例　　　　　　　　　　　　　表 3-1

序号	名　　称	图　　例	序号	名　　称	图　　例
1	新建建筑（右上角以点数表示层数）	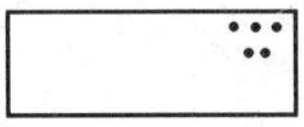	9	表示砖石、混凝土及金属材料的围墙	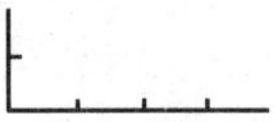
2	原有建筑物	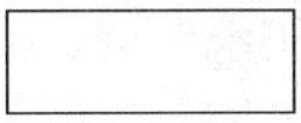	10	表示镀锌铁丝网、篱笆等围墙	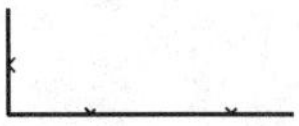
3	计划扩建建筑物或预留地	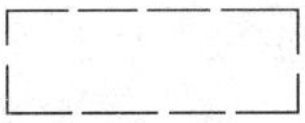	11	室内地坪标高	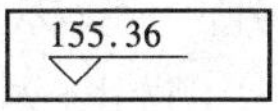 155.36
4	拆除建筑物	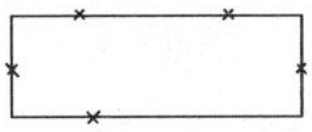	12	室外地坪标高	 142.00
5	护坡	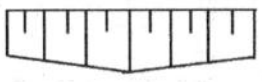	13	原有道路	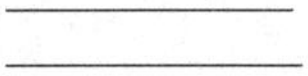
6	测量坐标	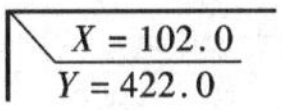 $X = 102.0$ $Y = 422.0$	14	计划道路	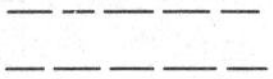
7	施工坐标	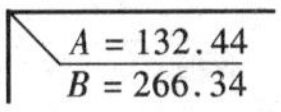 $A = 132.44$ $B = 266.34$	15	公路桥	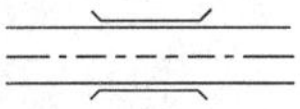
8	地下建筑物或构筑物		16	铁路桥	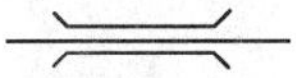

2.2　建筑平面图

2.2.1　建筑平面图的形成

假想用一个水平的剖切面沿门窗洞口的位置将房屋剖开，移去上部后向下投影所得的水平剖面图，即为建筑平面图，简称平面图。它反映出房屋的平面形状、大小，房间布置，墙或柱的位置、大小、厚度和材料，门窗的类型和位置等。

一般来说，房屋有几层，就应画出几个平面图，并在图的下方注明相应的图名、比例等，如首层平面图、二层平面图……等。中间各层如房间的数量、大小和布置都一样时，则相同的楼层可用一个平面图表示，称为标准层平面图。

2.2.2　建筑平面图的内容

建筑平面图的图示内容包括以下方面：

1．图名、比例。

2．标注室内外尺寸、楼地面标高及详图的索引符号。

3．表示墙、柱、门窗位置及编号，轴线编号。

4．表示电梯、楼梯位置、上下方向及主要尺寸。

5．表示阳台、雨篷、踏步、斜坡、通气道、烟囱、消防梯、雨水管、散水、明沟、花池等位置及尺寸。

6．画出卫生器具、水池、工作台、厨柜、隔断及重要设备位置。

7．表示地下室、地坑、地沟、各种平台、检查孔、墙上留洞、高窗等位置尺寸与标高。

8．在首层平面上画出剖面图的剖切符号及编号、指北针。

9．屋顶平面图应画出女儿墙、檐沟、屋面坡度、分水线与落水口、变形缝、楼梯间、水箱间、天窗、上人孔、消防梯及其他构筑物、索引符号等。

2.2.3　建筑平面图表示方法

1．图线

在平面图上，凡被剖切到的墙、柱断面轮廓线均用粗实线画出，未被剖切到的可见轮廓线，如柱、梁、窗台、台阶、梯段等用中实线画出。尺寸线、尺寸界线、引出线、图例线、索引符号、标高等用细实线画出，轴线用细点划线画出。

2．比例和图例

平面图常用 1:50、1:100、1:200 的比例绘制，在平面图中，常用材料、构造和配件按规定的图例表示，建筑材料图例和建筑构造及配件图例分别见表 3-2 和表 3-3。

建 筑 材 料 图 例

表 3-2

序号	名　称	图　例	序号	名　称	图　例
1	自然土		10	混凝土	
2	素土夯实				
3	砂、灰土		11	钢筋混凝土	
4	砂砾石及碎砖三合土		12	多孔材料	
5	毛石		13	松散材料	
6	方整石、条石		14	木材	
7	普通砖		15	金属	
8	空心砖		16	防水材料	
9	饰面砖		17	玻璃	
			18	粉刷	

名　　称	图　　例	名　　称	图　　例
底层楼梯		卷　门	
中间层楼梯		墙上预留槽	
顶层楼梯		孔　洞	
厕所间		坑　槽	
沐浴间		烟　道	
检查孔 地面检查孔 吊顶检查孔		通风道	
墙上预留洞口		入口坡道	
空门洞		单层外开平开窗	
单扇门		双层 外开平开窗	
双扇门		单层固定窗	
单扇双面 弹簧门		单层 外开上悬窗	
对开折叠门		单层中悬窗	
转　门		推拉窗	

3. 尺寸标注

（1）外部尺寸：为便于识图和施工，一般在图形的下方及左侧注写三道尺寸。三道尺寸线间应留有适当距离（一般为 7～10mm，但第三道尺寸线应离图形最外轮廓线 10～15mm），以便于注写数字。

第一道尺寸：表示外轮廓的总尺寸，即从一端外墙边到另一端外墙边的总长或总宽。

第二道尺寸：表示线间的距离，用以说明房间的开间或进深的尺寸。

第三道尺寸：表示各细部的位置和大小，如门窗洞口宽度、墙柱的大小等。

（2）内部尺寸：为了说明建筑物内部门窗洞、孔洞、墙厚和固定设施（如厕所、盥洗室、工作台、搁板等）的大小和位置以及为了说明室内楼地面的高度所标注的相对于±0.000的标高。

2.3　建　筑　立　面　图

2.3.1　建筑立面图的形成

在与房屋立面平行的投影面上所作的正投影图，称为建筑立面图，简称立面图。主要反映房屋的体形和外貌、门窗形式和位置、墙面材料和装修做法等。

2.3.2　建筑立面图的内容

建筑立面图的内容包括以下方面：

1. 图名、比例。

2. 标注外墙各主要部位的标高及详图的索引符号。

3. 画出室外地面线及房屋的勒脚、台阶、花台、门、窗、雨篷、阳台，室外楼梯、墙、柱，外墙的檐口、屋顶、雨水管、墙面的装饰构件等。

4. 用图例、文字或列表说明外墙面的装修材料及做法。

2.3.3　建筑立面图的表示方法

1. 定位轴线

在立面图中一般只画出建筑物两端或分段的轴线及编号，以便于与平面图对照识读。

2. 图线

建筑立面的外轮廓线用粗实线画出，立面上凹进或凸出墙面的轮廓线、门窗洞口、较大的建筑构配件的轮廓线用中实线画出，较小的建筑构配件或装修线如门窗扇、雨水管、墙面引条线、文字说明的引出线均用细实线绘制。

3. 比例

立面图的绘制比例与平面图一样，常用 1:50、1:100、1:200 的比例绘制。

4. 尺寸标注

立面图上一般应标注外墙各主要部位的标高，如室外地面、台阶、门窗、阳台、雨篷、檐口、屋顶等处完成面的标高。可不标注高度方向的尺寸。

2.4　建　筑　剖　面　图

2.4.1　建筑剖面图的形成

假想用一个或多个垂直于外墙轴线的铅垂剖切面将房屋剖开，所得的投影图称为建筑剖面图，简称剖面图。主要反映房屋内部垂直方向的高度、楼层分层情况及简要的结构形式和构造方式。

2.4.2 建筑剖面图的内容

建筑剖面图的内容包括以下几个方面：

1. 图名、比例。

2. 标注各部位完成面的标高、高度方向尺寸和详图的索引符号。

3. 表示室内首层地面、各层楼面、顶棚、屋顶、门、窗、楼梯、阳台、雨篷、墙裙、踢脚板、防潮层、室外地面、散水、排水沟及其他装修等剖切到或能见到的内容。

4. 表示楼、地面各层的构造。

2.4.3 建筑剖面图的表示方法

1. 定位轴线

剖面图中的定位轴线一般只画两端的轴线及其编号，以便与平面图对照。

2. 图线

室内外地坪线用加粗实线表示。剖切到的墙身、楼板、屋面板、楼梯平台等轮廓线用粗实线表示。未剖切到的可见轮廓线如门窗洞、楼梯段、内外墙轮廓线用中实线表示。较小的建筑构配件与装修面层线等用细实线表示。

3. 比例和图例

剖面图的绘制比例与平面图、立面图相同，常用 1:50、1:100、1:200 的比例绘制。

剖面图中，当比例大于 1:50 时，应画出其材料图例抹灰层的面层线。如比例为 1:(100～200) 时，抹灰层面层线可不画，材料图例可用简化画法，如砖墙涂红色，钢筋混凝土涂黑色。

4. 尺寸标注

建筑剖面图中，必须标注高度方向的尺寸和标高。

(1) 高度方向的尺寸

外部尺寸：门、窗洞口高度，层间高度及总高度（室外地面至檐口或女儿墙顶）。

内部尺寸：地坑深度和隔断、搁板、平台、墙裙及室内门、窗等的高度。

(2) 标高

标注室内外地面、各层楼面、楼梯平台、檐口或女儿墙顶面、高出屋面的水池顶面、烟囱顶面、楼梯间顶面、电梯间顶面等处的标高。

2.5 建 筑 详 图

2.5.1 建筑详图的形成

为了满足施工的需要，必须将平面、立面、剖面图中的某些细部及构配件用较大的比例将其形状、大小、材料和做法，按正投影的画法，详细地表示出来的图样，称为建筑详图，简称详图。

详图的特点一是比例大，二是图示详尽清楚，三是尺寸齐全。

2.5.2 建筑详图的内容

详图一般可分为标准详图和非标准详图两种类型。详图数量的选择，与房屋的复杂程度及平、立、剖面图的内容及比例有关。详图通常有墙身、楼梯、门窗、厕所、厨房、门厅、檐口等详图。各详图的主要内容有：

1．图名、比例。

2．表达出构配件各部分的构造连接方法及相对位置。

3．表达出各部位、各细部的详细尺寸。

4．详细表达构配件或节点所用的各种材料及其规格。

5．有关施工要求、构造层次及制作方法说明等。

2.5.3 建筑详图的表示方法

1．外墙墙身详图

外墙墙身详图实质上是建筑剖面图中外墙部分的局部放大图（图 3-14），主要表达房屋建筑的屋面、楼层、地面、檐口的构造、楼板与墙的连接以及门窗、勒脚、散水、明沟等处的构造内容。

外墙墙身详图一般采用 1:20、1:10 的比例绘制，为节省图幅，通常采用在窗洞口中间处折断开，再组合的折断画法。如多层房屋中各层的构造情况一样时，可只画底层、顶层或加一个中间层来表示。

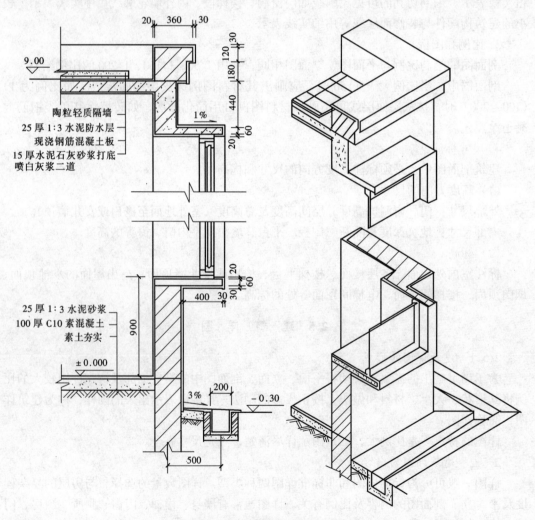

图 3-14　外墙剖面详图的形成

外墙墙身详图上标注尺寸和标高，与建筑剖面图基本相同。

2. 楼梯详图

楼梯的构造比较复杂，一般需另画详图，主要表达楼梯的类型、结构形式、各部位尺

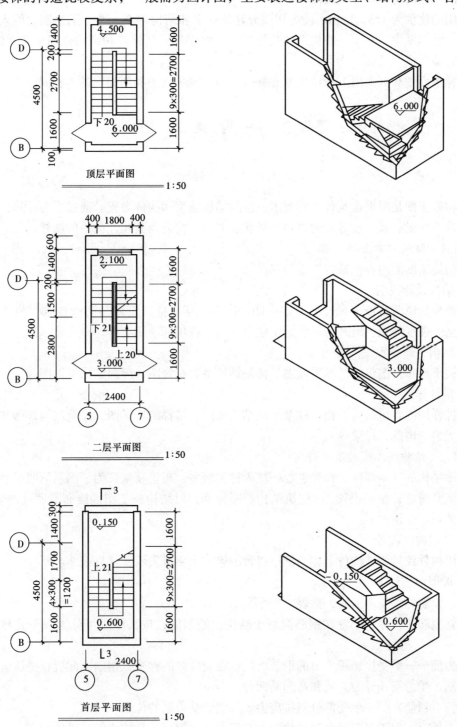

图 3-15　楼梯详图的形成

寸及装修做法（图 3-15）。

楼梯详图一般包括楼梯平面图、剖面图及踏步、栏杆、扶手等处的节点详图，且尽可能画在同一张图内。楼梯平面图、剖面图常用的比例为 1:20、1:30、1:50，踏步、栏杆、扶手常用的比例为 1:5、1:10。楼梯详图分建筑详图和结构详图，并分别绘制，编入"建施"和"结施"中。对于一些构造和装修较简单的楼梯，其建筑和结构详图可合并绘制，编入"建施"或"结施"均可。

楼梯平面图和剖面图上标注尺寸和标高，与建筑平面图和剖面图基本相同。

课题 3 结 构 施 工 图

3.1 概　述

结构施工图是根据建筑各方的要求，进行结构选型和构件布置。通过受力计算，决定承重构件（如梁、板、柱等）的材料、形状、大小、构造及其相互关系的图样。

3.1.1　结构施工图的内容

结构施工图的内容包括：

1. 结构设计说明

结构设计说明是带全局性的文字说明，内容包括：抗震设计与防火要求、材料的选型、规格、强度等级、地基情况、施工注意事项、选用标准图集等。

2. 结构平面布置图

结构平面布置图包括基础平面图、楼层结构平面布置图、屋面结构平面图等。

3. 构件详图

构件详图内容包括梁、板、柱及基础结构详图、楼梯结构详图、屋架结构详图和其他详图（天窗、雨篷、过梁等）。

3.1.2　结构施工图的有关规定

房屋结构的基本构件，如梁、板、柱等种类繁多，布置复杂，为了图示简明扼要，并把构件区分清楚，便于识读，《建筑结构制图标准》对结构施工图的绘制有明确的规定，现将有关规定介绍如下：

1. 常用构件代号

常用构件代号用各构件名称的汉语拼音的第一个字母表示，详见表 3-4 所示。

2. 常用钢筋规定

（1）钢筋的一般表示法，见表 3-5 所示。

（2）钢筋的名称：配置在钢筋混凝土结构中的钢筋，按其作用可分为以下几种（图3-16）：

受力筋——承受拉、压应力的钢筋。配置在受拉区的称受拉钢筋；配置在受压区的称受压钢筋。受力筋还分为直筋和弯起筋两种。

钢箍（箍筋）——承受部分斜拉应力，并固定受力筋的位置。

架立筋——用于固定梁内钢箍位置，与受力筋、钢箍一起构成钢筋骨架。

分布筋——用于板内，与板的受力筋垂直布置，并固定受力筋的位置。

常用构件代号

表 3-4

序号	名 称	代 号	序号	名 称	代 号
1	板	B	21	檩条	LT
2	屋面板	WB	22	梁垫	LD
3	空心板	KB	23	屋架	WJ
4	槽形板	CB	24	托架	TJ
5	折板	ZB	25	天窗架	CJ
6	密肋板	MB	26	框架	KJ
7	楼梯板	TB	27	刚架	GJ
8	檐口板	YB	28	支架	ZJ
9	天沟板	TGB	29	雨蓬	YP
10	盖板	GB	30	阳台	YT
11	墙板	QB	31	梯	T
12	梁	L	32	垂直支撑	CC
13	基础梁	JL	33	水平支撑	SC
14	过梁	GL	34	柱间支撑	ZC
15	圈梁	QL	35	柱	Z
16	连系梁	LL	36	构造柱	GZ
17	楼梯梁	TL	37	桩	ZH
18	屋面梁	WL	38	基础	J
19	吊车梁	DL	39	设备基础	SJ
20	车档	CD	40	预埋件	M

注：预应力钢筋混凝土构件的代号，应在构件代号前加注"Y"，如 Y-DL 表示预应力钢筋混凝土吊车梁。

钢筋的一般表示法

表 3-5

序号	名 称	图 例	说 明
1	钢筋横断面	•	
2	无弯钩的钢筋端部		下图表示长、短钢筋投影重叠时，可在短钢筋的端部用 45°短划线表示
3	预应力钢筋横断面	+	
4	预应力钢筋或钢铰线		用粗双点画线
5	无弯钩的钢筋搭接		
6	带半圆形弯钩的钢筋端部		
7	带半圆形弯钩的钢筋搭接		
8	带直弯钩的钢筋端部		
9	带直弯钩的钢筋搭接		
10	带丝扣的钢筋端部		

构造筋——因构件构造要求或施工安装需要而配置的钢筋，如腰筋、预埋锚固筋、吊环等。

（3）钢筋的标注：钢筋的标注应包括钢筋的编号、数量或间距、代号、直径及所在位置，通常应沿钢筋的长度标注或标注在有关钢筋的引出线上。常见的标注方法有以下两种：

梁、板内受力筋或架立筋的标注，如图 3-17 所示。

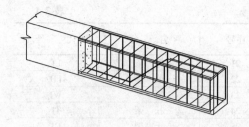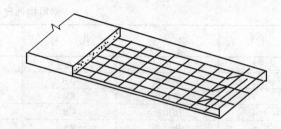

图 3-16　钢筋混凝土梁、板配筋图

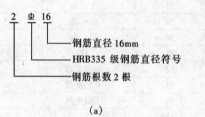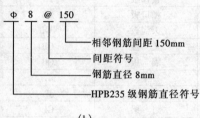

（a）　　　　　　　　　　　（b）

图 3-17　梁、板内受力筋或架立筋的标注
（a）梁内受力筋和架立筋的标注；（b）箍筋和板内钢筋的标注

3. 钢筋混凝土结构图的表示方法

为了突出表示钢筋的配置状况，在构件的立面图和断面图上，轮廓线用中或细实线画出，图中不画材料图例，而用粗实线（在立面图）和黑圆点（在断面图）表示钢筋。并要对钢筋加以说明标注，如图 3-19 所示。

3.2　基　础　图

基础图主要是表示建筑物在相对标高 ±0.000 以下基础结构的图纸，一般包括基础平面图和基础详图。

3.2.1　基础平面图

1. 基础图的形成

假想用一个水平面沿房屋底层室内地面附近将整幢建筑物剖开后，移去上层的房屋和基础周围的泥土向下投影所得到的水平剖面图，称为"基础平面图"，简称"基础图"。

2. 基础图的内容

（1）图名和比例。

（2）纵横向定位轴线及编号、轴线尺寸。

（3）基础墙、柱的平面布置，基础底面形状、大小及其与轴线的关系。

（4）基础梁的位置、代号。

（5）基础的编号、基础断面图的剖切位置线及其编号。

（6）施工说明，即所用材料的强度、防潮层做法、设计依据以及施工注意事项。

3. 基础图的表示方法

（1）定位轴线

基础平面图应注出与建筑平面图相一致的定位轴线编号和轴线尺寸。

（2）图线

①在基础平面图中，只画基础墙、柱及基础底面的轮廓线，基础的细部轮廓线（如大放脚）一般省略不画。

②凡被剖切到的墙、柱轮廓线，应画成中实线，基础底面的轮廓线应画成细实线。

③基础梁和地圈梁用粗点划线表示其中心线的位置。

④基础墙上的预留管洞，应用虚线表示其位置，具体做法及尺寸另用详图表示。

（3）比例和图例

基础平面图中采用的比例及材料图例与建筑平面图相同。

（4）尺寸标注

①外部尺寸：基础平面图中的外部尺寸只标注两道，即定位轴线的间距和总尺寸。

②内部尺寸：基础平面图中的内部尺寸应标注墙的厚度、柱的断面尺寸和基础底面的宽度。

3.2.2 基础详图

1. 基础详图的形成

在基础平面图上的某一处用铅垂剖切面切开基础所得到的断面图称基础详图，主要表明基础各部的详细尺寸和构造。

2. 基础详图的内容

（1）图名、比例。

（2）轴线及其编号。

（3）基础断面形状、大小、材料及配筋。

（4）基础断面的详细尺寸和室内外地面标高及基础底面的标高。

（5）防潮层的位置和做法。

（6）垫层、基础墙、基础梁的形状、大小、材料和标号。

（7）施工说明。

3. 基础详图的表示方法

（1）图线

基础详图的轮廓线用中实线表示，钢筋符号用粗实线绘制。

钢筋混凝土独立基础除画出基础的断面图外，有时还要画出基础的平面图，并在平面图中采用局部剖面表达底板配筋。

（2）比例和图例

基础详图常用 1:10、1:20、1:50 的比例绘制。基础断面除钢筋混凝土材料外，其他材料宜画出材料图例符号。

3.3 结 构 布 置 图

3.3.1 结构布置图的形成

假想用一个水平的剖切平面沿楼板面将房屋各层水平剖开后所作的水平投影图，用来表示各层的承重构件（如梁、板、柱、墙等）布置的图样，一般包括楼层结构平面图和屋面结构平面图。

3.3.2 结构布置图的内容

1. 图名、比例。

2．标注轴线网、编号和尺寸。

3．标注墙、柱、梁、板等构件的位置及代号和编号。

4．预制板的跨度方向、数量、型号或编号和预留洞的大小和位置。

5．轴线尺寸及构件的定位尺寸。

6．详图索引符号及剖切符号。

7．文字说明。

3.3.3 结构布置图的表示方法

1．定位轴线

结构布置图应注出与建筑平面图相一致的定位轴线编号和轴线尺寸。

2．图线

楼层、屋顶结构平面图中一般用中实线剖切到或可见的构件轮廓线，图中虚线表示不可见构件的轮廓线（如被遮盖的墙体、柱子等），门窗洞口一般可不画。图中梁、板、柱等的表示方法为：

（1）预制板：可用细实线分块画板的铺设方向。如板的数量太多，可采用简化画法，即用一条对角线（细实线）表示楼板的布置范围，并在对角线上或下标注预制楼板的数量及型号。当若干房间布板相同时，可只画出一间的实际铺板，其余用代号表示。预制板的标注方法各地区均有不同，图 3-18 为西南地区的标注说明。

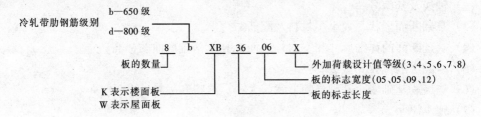

图 3-18　预制板的标注方法

（2）现浇板：当现浇板配筋简单时，直接在结构平面图中表明钢筋的弯曲及配置情况，注明编号、规格、直径、间距。当配筋复杂或不便表示时，可用对角线表示现浇板的范围，注写代号如 XB_1、XB_2 等，然后另画详图。配筋相同的板，只需将其中一块的配筋画出，其余用代号表示。

（3）梁、屋架、支撑、过梁：一般用粗点画线表示其中心位置，并注写代号，如梁为 $L-1$、$L-2$、$L-3$。

（4）柱：被剖到的柱，均涂黑，并标注代号，如 Z1、Z2、Z3 等。

（5）圈梁：当圈梁在楼层结构平面图中没法表达清楚，可单独画出其圈梁布置平面图。圈梁用粗实线表示，并在适当位置画出断面的剖切符号。圈梁平面图的比例可采用小比例如 1:200，图中要求注出定位轴线的距离和尺寸。

3．比例和图名

楼层和屋顶结构平面图的比例同建筑平面图，一般采用 1:100 或 1:200 的比例绘制。

4．尺寸标注

结构平面布置图的尺寸，一般只注写开间、进深、总尺寸及个别地方容易弄错的尺寸。

3.4 构 件 详 图

3.4.1 构件详图的形成

各类钢筋混凝土制成的构件如梁、板、柱、基础等,均以详图表示,称为构件详图。包括模板图、配筋图等。

1. 模板图

模板图也叫外形图。主要表明钢筋混凝土结构构件的外部形状、尺寸、标高和预埋件、预留孔、预留插筋的位置,作为较复杂构件的模板制作、安装和预埋件的依据。

2. 配筋图

配筋图主要表明构件中钢筋的形状、直径、数量及布置情况等,包括立面图、剖面图和钢筋详图,如图 3-19 所示。

配筋图中的立面图是假想构件为一透明体而画出的一个纵向正投影图,它主要表明钢筋的立面形状及其上下排列的情况。

配筋图中的断面图是构件的横向剖切投影图,它能表示钢筋的上下和前后的排列、箍筋的形状及与其他钢筋的连接关系。

3.4.2 构件详图的内容

1. 构件的名称或代号、比例。
2. 构件的定位轴线及其编号。
3. 构件的形状、尺寸和预埋件代号及布置。
4. 构件内部钢筋的布置。
5. 构件的外形尺寸、钢筋规格、构造尺寸以及构件底面标高。
6. 施工说明。

3.4.3 构件详图的表示方法

1. 钢筋用粗实线表示,构件轮廓线用细实线表示。
2. 断面图的数量应根据钢筋的配置而定,凡是钢筋排列有变化的地方,都应画出其断面图,图中钢筋的横断面用黑圆点表示。

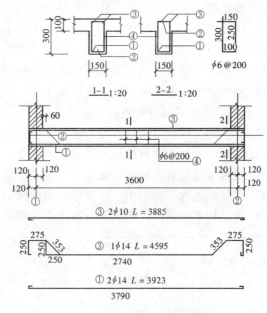

图 3-19 钢筋混凝土梁的配筋图

3. 为防止混淆,方便识图,构件中的钢筋都要统一编号,在立面图和断面图中要注出一致的钢筋编号、直径、数量、间距等,并应留出规定的保护层厚度。

4. 单根钢筋详图按其在立面图中的位置由上而下,用同一比例排列在梁立面图的下方,并与之对齐。

课程实训　建筑工程施工图的识读

施工图是进行施工的"语言",在进行施工图的识读过程中,应熟悉常用的符号和图例。

同时,应结合建筑图、结构图及详图等多张图纸内容,阅读时应注意以下内容:查看目录,从粗到细;循序看图,互相对照;综合看图,由整体到局部,注意索引标志和详图标志、附注或说明、代号、符号图例和图集。

现给出一整套建筑工程图纸,通过识读,回答以下问题:

在建筑平面图中:

1. 该房屋的朝向为哪个方向?

2. 该房屋有几层? 总建筑面积是多少?

3. 防潮层设在何处? 采用什么做法?

4. 该房屋平、立、剖面图的比例各是多少?

5. 外纵墙墙体的厚度是否均为 37 墙? 试画出 B 号定位轴线与墙体的位置关系?

6 内横墙墙体的厚度是否均为 24 墙? 试画出 5 号定位轴线与墙体的位置关系?

7. 1# 和 2# 教室各有多少间? 其开间、进深尺寸各是多少?

8. 室外散水宽度是多少? 室内外高差是多少? 台阶的数量和尺寸各是多少?

9. 房屋的总高度是多少? 每层层高为多少? 檐口处标高是多少? 底层窗台的标高是多少?

10. 外墙面的装修做法有几种? 各是什么?

11. 楼梯的开间、进深尺寸各是多少? 每层楼梯有几个梯段? 每一梯段有多少踏步? 每一踏步的尺寸是多少?

12. 屋面以上是否有女儿墙? 女儿墙的厚度和高度各是多少?

13. 屋面防水是采用刚性防水还是柔性防水? 屋面检修孔的尺寸是多少? 有多少个雨水口? 雨水管采用的材料和直径各是什么?

14. 该房屋的基础为何种类型? 基础的埋置深度是多少?

15. 基础的截面形式有几种? 基础底面尺寸和标高各是多少?

16. 地圈梁的位置在何处? 混凝土强度等级是多少? 试画出地圈梁的截面配筋图?

17. 在基础结构平面图中,共设置了多少根构造柱? 构造柱如何与墙体进行拉结?

18. 在结构平面图中,将预制板数量统计列入下表?

构件名称	强度等级	数 量						钢 筋	
		单位	一层	二层	三层	四层	合计	单位体积（m³）	合计体积（m³）

19. 在结构平面图中,L-1 共有多少根? 试画出 L-1 的配筋图,并将 L-1 中的钢筋统计列入下表?

构件名称	构件数量	钢筋编号	直径（mm）	钢 筋 简 图	单根构件根数	总根数

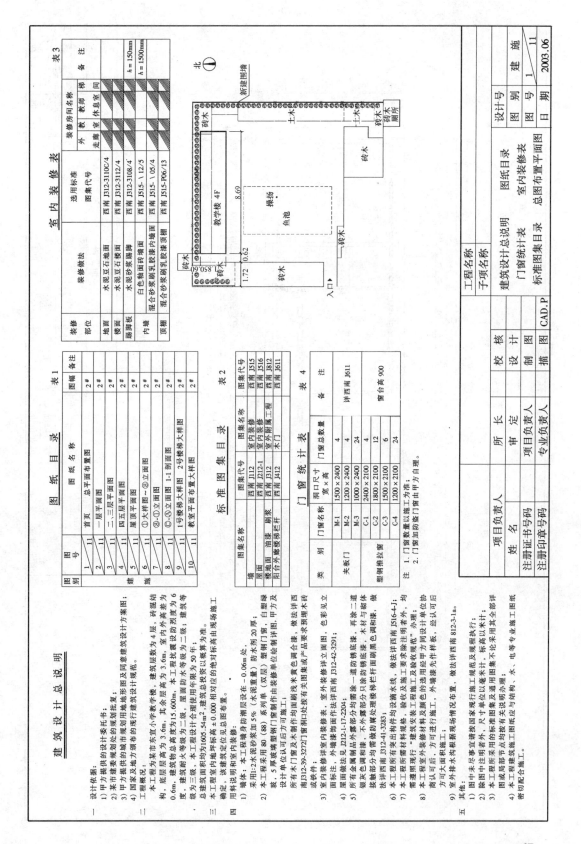

室内装修表 表3

装修部位	装修做法	选用标准图集代号	外走廊	教室	教师休息室	厕所	备注
地面	水泥豆石地面	西南 J312-3110C/4					
楼面	水泥豆石楼面	西南 J312-3112/4					
踢脚板	水泥砂浆踢脚	西南 J312-3108/4'					
内墙	白色粉面砖内墙面	西南 J515-\12/5					$h=150mm$
顶棚	混合砂浆刷乳胶漆顶棚	西南 J515-P06/13					$h=1500mm$

装修房间名称

图纸目录 表1

图别	图号	图纸名称	图幅	备注
	1	首页 总平面布置图	2#	
	2	一层平面图	2#	
	3	二、三层平面图	2#	
	4	四五层平面图	2#	
建施	5	屋顶平面图	2#	
	6	①大样图～⑧立面图	2#	
	7	⑧～①立面图	2#	
	8	⑤～⑧立面图 1-1剖面图	2#	
	9	1号楼梯大样图 2号楼梯大样图	2#	
	10	教室平面布置大样图	2#	

标准图集目录 表2

图集名称	图集代号	图集名称	图集代号
墙	西南 J112	室内装修	西南 J515
屋面	西南 J212-1	室外装修	西南 J516
楼地面 油漆	西南 J312	室外附属工程	西南 J812
阳台外墙栏杆	西南 J412	门	西南 J611

门窗统计表 表4

类别	门窗名称	洞口尺寸 宽×高	门窗总数量	备注
夹板门	M-1	1500×2400	4	
	M-2	1000×2400	4	详西南 J611
	M-3	1000×2100	24	
塑钢推拉窗	C-1	2400×2100	4	
	C-2	1800×2100	12	窗台高 900
	C-3	1500×2100	6	
	C-4	1200×2100	24	

注：1. 门窗数量以施工图为准。
2. 门窗加防盗窗门窗由甲方自理。

建筑设计总说明

一、设计依据：
1）甲方提供的设计委托书；
2）某市建设规划处的规划划批准；
3）甲方提供的城市规划局布置的现有建筑行规设计方案图；
4）国家及地方现行有关建筑设计规范。

二、工程概况：
本工程为某市东宜小学教学楼，建筑层数为 4 层，砖混结构，底层层高 3.6m，其余各层为 3.6m。室内外高差为 0.6m。建筑物总高度为15.600m，屋面防水等级为 6 级，建筑物耐火等级为二级，本工程防水等级为二级，建筑抗震设防烈度为 50 年。
总建筑面积为1605.54m²，建筑地坪标高±0.000 相对应的绝对标高以概算为准，该建筑总定见总图布置。

三、本工程室内和室内装修：
1）本工程墙身防潮层设在 -0.06m 处。
本工程采用 80（88）系列单门窗制作与装修详图，甲方及设计单位认可后方可施工。
2）本工程采用 80（88）塑钢窗门窗，白塑绿灰 5 厚玻璃塑钢门窗制作与装修图，甲方及设计单位认可后方可施工。
所有木门窗及木制作均做米黄色或白木色调和漆，做法详西南 J312-39-3272门窗洞口以按有关图集要求预埋木砖或预砌软件。
3）室内外装修详室内装修表，室外装修详室外装修表，做法见立面图，色彩见立面图。
4）本工程室外装饰面详西南 J312-42-3291；
5）所有金属构件均需涂一道红丹防锈底漆，再涂二道银灰色调和漆，不外露部分只做防锈底漆，木材与砌体接触部分做做需沥青面刷黑色调和漆。法详西南 J312-41-3283；
6）本工程所有构件均做防锈水泥砂浆，做法详西南 J516-4-J；
7）需通照明行"建筑工程施工质量验收规范"办者外，并应严格执行行有关标准图集及通用说明办理。
8）本工程室外装修材料及颜色的选用需甲方与设计单位认可，外墙漆先作样板，经认可后方可施工。
9）室外排水沟内根据现场情况方为准。

四、其他
1）图中未注者施工工为准。
2）除图中注明者外，尺寸单位以毫米计，标高以米计。
3）本工程所采用图集和标准图集不论采用其全部有部说明，本工程图集节点均应有关说明应与结构、水、电等专业施工图密切配合施工。
4）本工程施工据现场施工详密切配合施工。

工程名称					设计号		建施
子项名称					图别		1
		建筑设计总说明	图纸目录		图号		11
所长		门窗统计表	室内装修表		日期		2003.06
审定		标准图集目录	总图布置平面图				
项目负责人		校核					
专业负责人		设计					
项目负责人		制图					
姓名		描图	CAD.P				
注册证书号码							
注册印章号码							

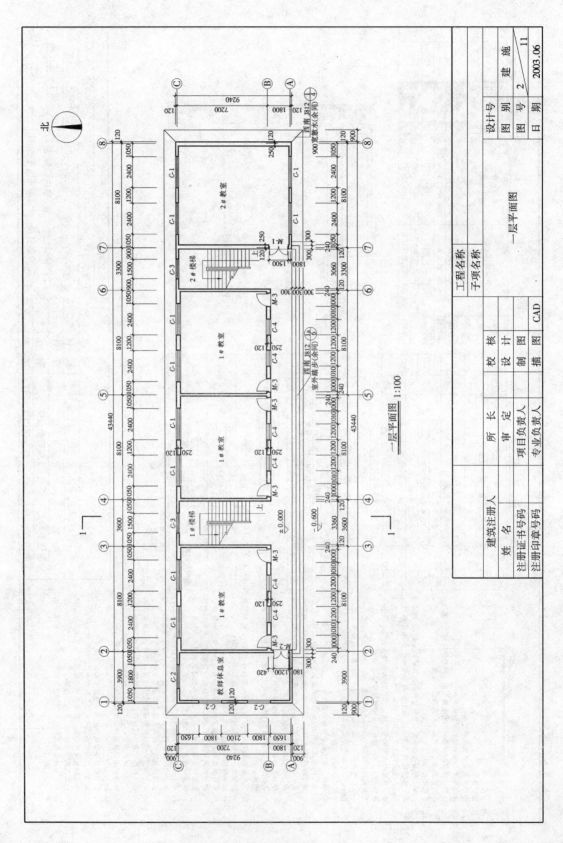

一层平面图 1:100

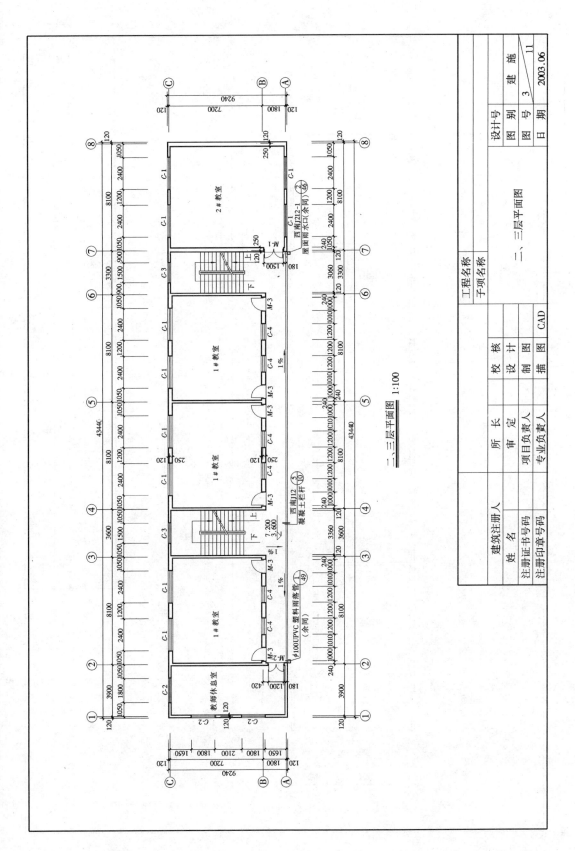

二、三层平面图 1:100

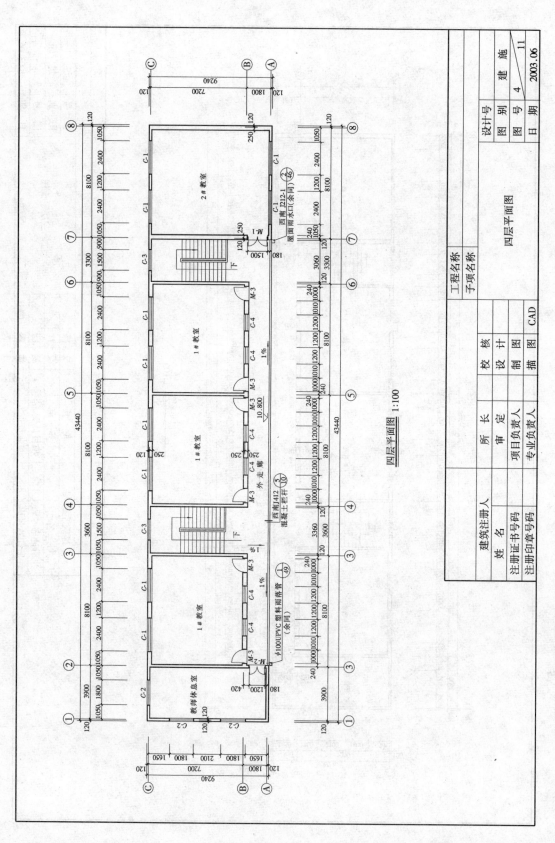

四层平面图 1:100

教师休息室   1#教室   1#教室   外走廊   1#教室   2#教室

φ100UPVC塑料雨落管（余同）

混凝土栏杆 ⑩ 西南1412 ⑤

屋面雨水口（余同） ⑯ 西南J212-1 ②

工程名称							设计号	
子项名称							图别	建施
							图号	4
							日期	2003.06
建筑注册人		所　长		定		四层平面图		11
姓　名		审　定						
注册证书号码		项目负责人						
注册印章号码		专业负责人						
		校　核						
		设　计						
		制　图						
		描　图	CAD					

70

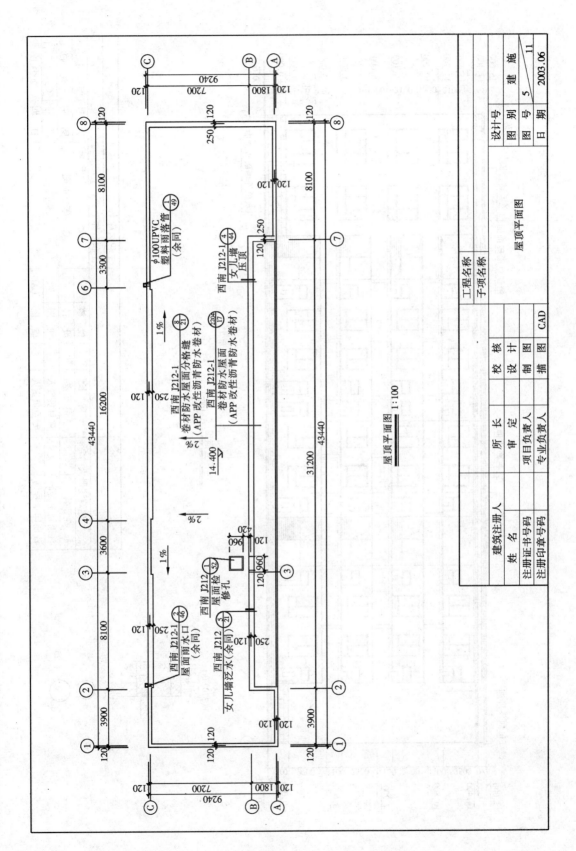

屋顶平面图 1:100

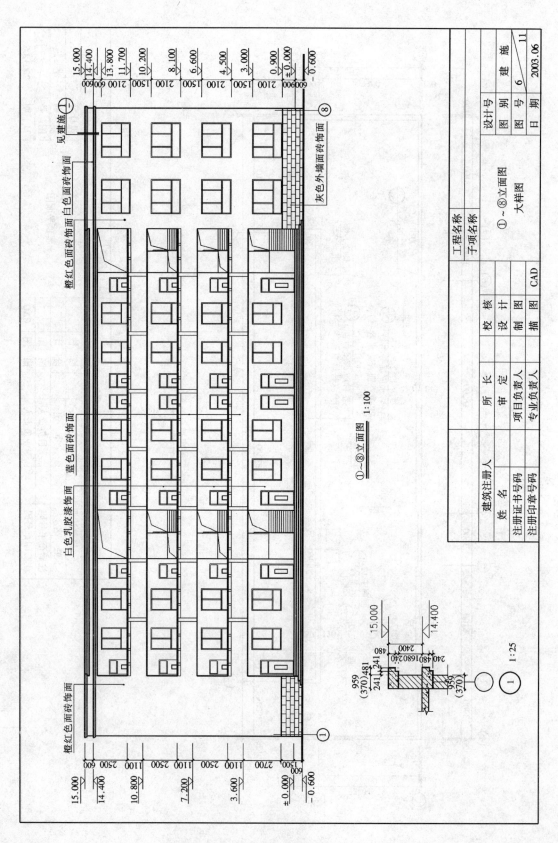

①~⑧立面图 1:100

① 1:25

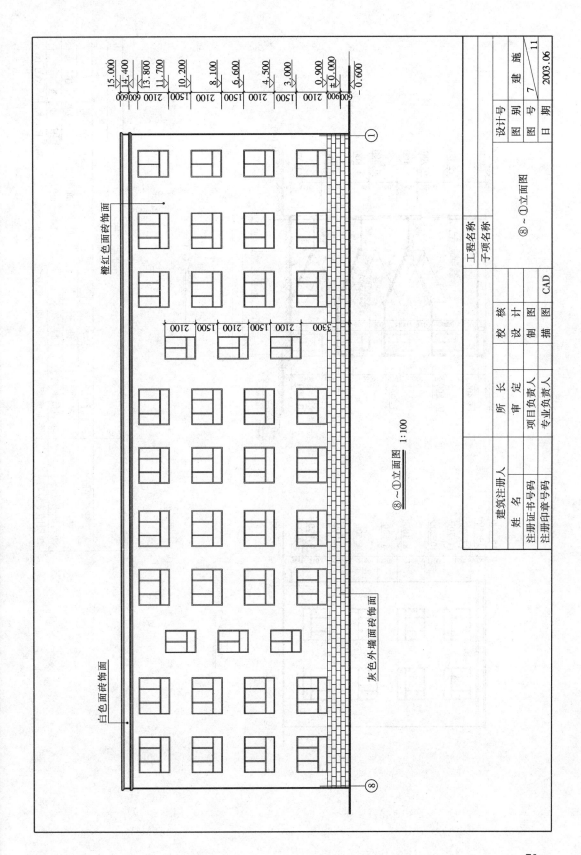

⑧~①立面图 1:100

橙红色面砖饰面

灰色外墙面砖饰面

白色面砖饰面

建筑注册人		所 长 定	校 核		工程名称		设计号		
姓 名		审 定	设 计		子项名称		图 别	建 施	
注册证书号码		项目负责人	制 图		⑧~①立面图		图 号	7	11
注册印章号码		专业负责人	描 图 CAD				日 期	2003.06	

15.000
14.400
13.800
11.700
10.200
8.100
6.600
4.500
3.000
0.900
±0.000
-0.600

600 600
2100
1500
2100
1500
2100
1500
2100
1500
2100
900 600
600

3300
2100
1500
2100
1500
2100

①

⑧

73

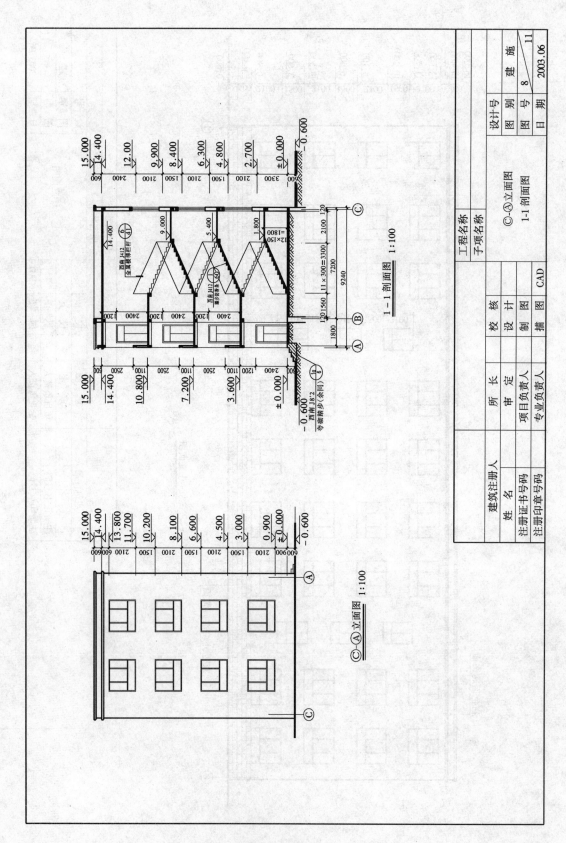

1—1剖面图 1：100

Ⓒ—Ⓐ立面图 1：100

	建筑注册人			工程名称		设计号	
姓 名	所 长	校 定		子项名称		图 别	建 施
	审 定	设 计		Ⓒ—Ⓐ立面图		图 号	8 11
注册证书号码	项目负责人	制 图		1—1剖面图			
注册印章号码	专业负责人	描 图	CAD			日 期	2003.06

74

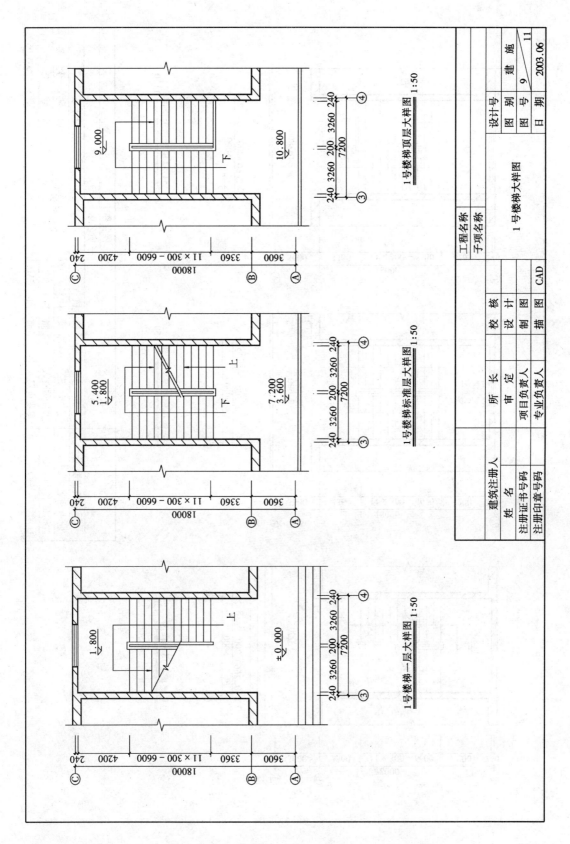

1号楼梯顶层大样图 1:50

1号楼梯标准层大样图 1:50

1号楼梯一层大样图 1:50

建筑注册人		所　长			设　计　号		
姓　名		审　定		工程名称		图　别	建　施
注册证书号码		项目负责人		子项名称		图　号	9
注册印章号码		专业负责人			1号楼梯大样图		11
		校　核				日　期	2003.06
		设　计					
		制　图					
		描　图					
		CAD					

75

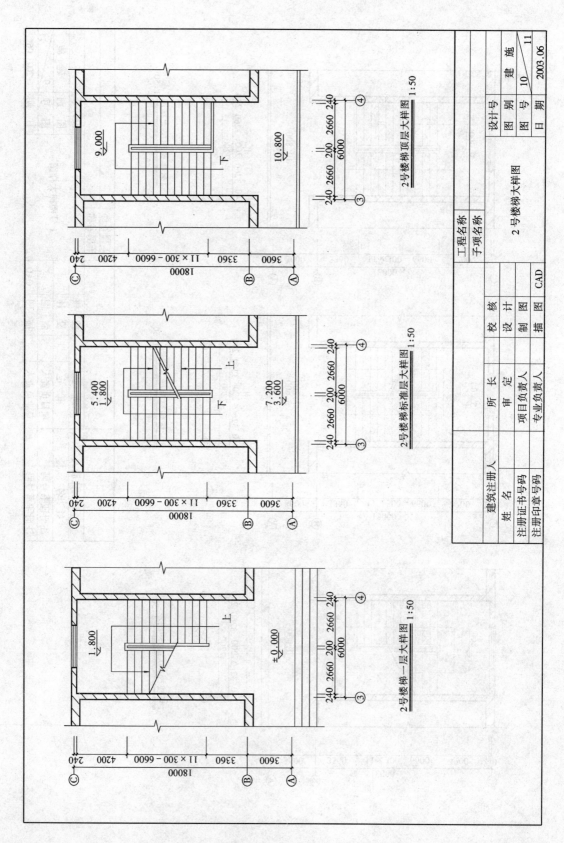

2号楼梯顶层大样图 1:50

2号楼梯标准层大样图 1:50

2号楼梯一层大样图 1:50

工程名称									设计号				
子项名称									图 别		建 施		
									图 号		10		11
			2 号楼梯大样图						日 期		2003.06		

建筑注册人		所 长		校 核	
姓 名		审 定		设 计	
注册证书号码		项目负责人		制 图	
注册印章号码		专业负责人		描 图	CAD

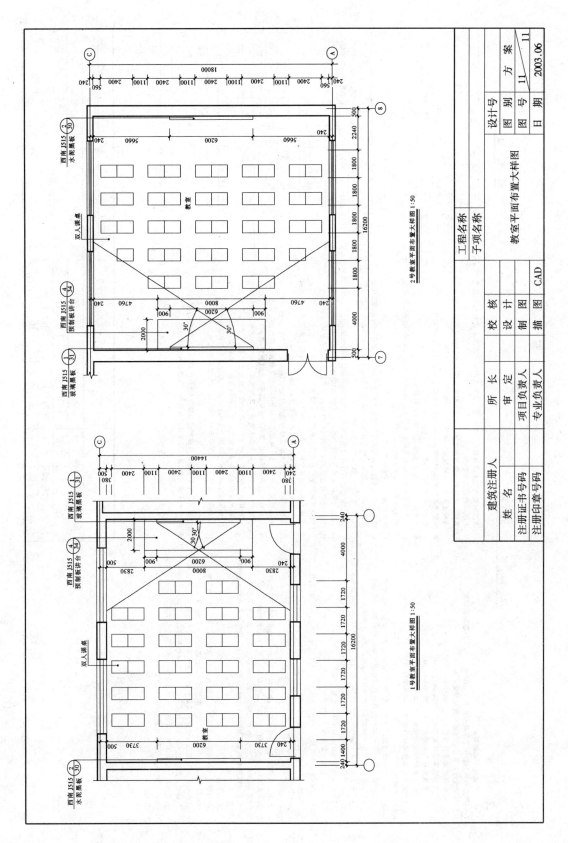

2号教室平面布置大样图 1:50

1号教室平面布置大样图 1:50

	建筑注册人	姓 名	注册证书号码	注册印章号码				
		所 长	审 定	项目负责人	专业负责人			
		校 核	设 计	制 图	描 图	CAD		
工程名称								
子项名称								
教室平面布置大样图				设计号				
				图 别	方 案			
				图 号	11	11		
				日 期	2003.06			

77

图 纸 目 录

序号	图纸名称	图号	图幅	备注
1	结构设计说明	1/5	2#	
2	基础结构平面图	2/5	2#	
3	二~四层结构平面图	3/5	2#	
4	屋面结构平面图	4/5	2#	
5	楼梯平面及大样图	5/5	2#	

选 用 标 准 图 集

构件名称	图集号	构件代号	备注
预应力空心板	《川92G402》	Y-KBx.xx-x Y-KBWx.xx-x Y-KBWxxxx-x,a	集中组应采用按图
过梁	《川95G403》	YKBxxx-x	
	《川91G310》	GLx.xxxx G15xxxx	XGLxxxx示示现浇制作

钢筋保护层厚度(mm)

附表一：

序号	环境类别	板 ≤C20	板 C25~C45	梁 ≤C20	梁 C25~C45	柱 ≤C20	柱 C25~C45
1	一	20	20	30	30	30	30
2	二	20	25	25	30	30	30

纵向受拉钢筋抗震锚固长度 l_{aE}

附表二：

钢筋种类	直径	抗震等级	C20	C25	C30
HPB235 $f_y=210N/mm^2$	d≤25	三级	33d	31d	25d
	d≤25	四级	31d	24d	
HPB335 $f_y=300N/mm^2$	d≤25	三级	41d	31d	
	d≤25	四级	39d	30d	

注册工程师		所长		设计号	
姓名		审定		图别	结施
注册证书号码		项目负责人		图号	1
注册印章号码		专业负责人		日期	5

工程名称
子项名称

结构设计说明

校核	设计	
制图	描图	CAD.P

结 构 设 计 说 明

(1) 现浇钢筋混凝土楼板内下筋在支座处沿板延至梁的边边板内，上筋不能在支座搭接。

(2) 楼板上的孔洞预留当孔尺寸不大于300时将板筋从洞边绕过不得切断当孔洞尺寸大于300时应按设计要求附加钢筋，等钢的平直段不应小于10倍箍筋直径，钢筋搭接处不应小于12倍。

4 箍筋末端应做成135°弯钩，弯钩的平直段不应小于12倍。

5 过梁和圈梁叠叠时，按截面尺寸和配筋较大者制作。

6 构造柱与墙体连接处处，按载面尺寸及所有墙体交接处，均应沿墙高每隔500设2φ6拉结筋、拉结筋每边伸入墙内不少于1m。

7 圈梁层层设置，位置见板口。

8 墙与构造柱连接处应设应成马牙槎每一马牙槎高度不超过300mm，构造柱应底端应伸入地梁内。构造柱与墙筋连接见西南及至至节搭接35d范围内柱箍筋加密为φ6@100。

9 预应力空心板与墙体连接见相应图集的板缝连接大样。

10 圈梁和地圈梁转角构造大样详见西南G601第64页①②③节点。

11 构造柱与墙体连接处连接大样详见西南G601第19页及第22页①~④节点。

12 预应力空心板在外墙搁置大时，搁置长度应不小于120mm，混凝土梁满搁长度不应小于100mm。

13 屋面结构平面图中现浇板伸进内墙内之度半不同目不同目不超过2m每一设一根当女儿墙不两半1.5m，构造小柱每半开开和构造要求详西南G601第83页①。

14 墙体构造小柱配筋和施工所有墙超过墙厚的1/4。

15 诸配合建筑设备管线安装专业图纸编等均应有各各专业图纸完时铁件埋管埋线必须经专业设计认经专业图纸若各格各墙系纵筋不相符的内容诸在施工前与设计的同钢筋相互锚固。

16 正确地完成本经各专业图纸工技木人员联系以免造成不应有的损失。女儿构造柱应应与压顶内钢筋相互锚固，构造错错上下层梁，栏内筋35d。

17 本说明未详尽处的建筑构造抗震详见设计图集《西南G601》《国南97G329》执行。

18 图中有未详尽处，诸按国家现行有关施工及验收规范执行。

结 构 设 计 说 明

一、设计依据与基础要求

(一) 甲方提供的岩土工程地质勘察报告为2002年12月某市勘测院编制

(二) 国家现行有关结构设计规范及规定

1 砌体结构设计规范 GB 50003—2001
2 建筑抗震设计规范 GB 50011—2001
3 建筑结构荷载规范 GB 50009—2001
4 混凝土结构设计规范 GB 50010—2002
5 建筑地基基础设计规范 GB 50007—2002

(三) 工程概况

1 本工程抗震设防烈度为六度，结构的设计安全等级为二级，建筑类别为丙类，本工程结构的设计使用年限为50年，建筑抗震等级为三级；

2 本建筑为砖混结构抗震等级为丙级，以基岩强风化层为主；

3 基础设计±0.000标高所对应的绝对高为45.75，以基岩强风化层地基承载力特征值为300kPa；

4 根据地勘局本建筑周围无不良地质情况；

5 本工程施工质量控制等级为B级。

(四) 本工程设计活荷载标准值

2.0kN/m² 屋面 0.5kN/m² 教师休息总室

楼梯走廊 2.5kN/m²

2.0kN/m² 屋面 0.5kN/m²

(五) 本工程结构计算采用中国建筑科学研究院 PK.PVICAD

二、材料

1 混凝土基础垫层C20毛石混凝土，其余所有未注明现浇构件均用C20浇筑。

2 砖±0.000以下用MU15页岩砖，±0.000以上用MU10页岩砖。

3 砂浆±0.000以下用M5水泥砂浆，±0.000以上用M5混合砂浆。

4 钢筋受力钢筋均采用HRB335级钢筋、构造钢筋均采用HPB235级钢筋；

三、结构构造

1 图中现浇构件钢筋保护层厚度见附表。

2 柱纵向钢筋采用压力电渣焊接环境柱纵向钢筋绑接头，±0.000以上梁柱截面长边尺寸目上楼板截面以上750mm处钢筋绑接头，之间错开的距离为35d及不大于500同一截面钢筋的接头数不超应小于钢筋加密区；头处的50焊头处位置平梁应应应平维应梁加密区：

3 楼板：

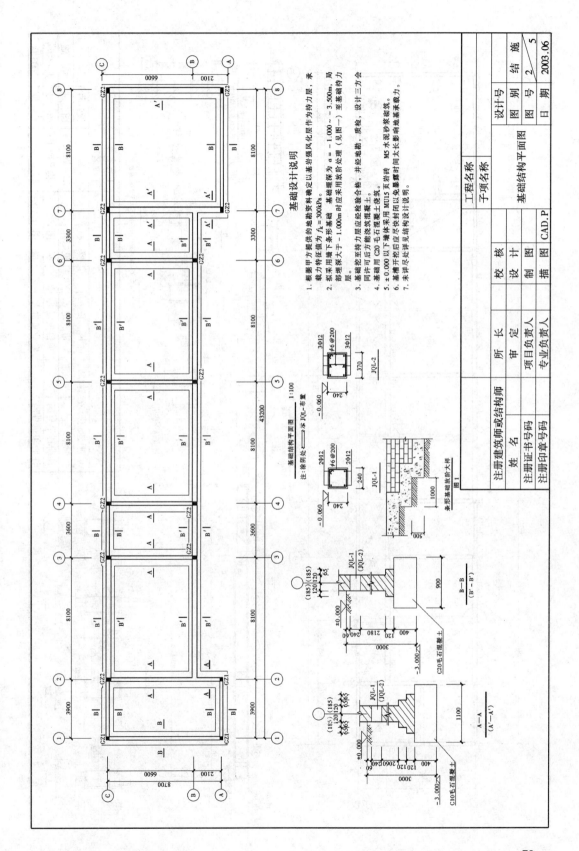

基础设计说明

1. 根据甲方提供的地勘资料确定以基岩强风化层作为持力层，承载力特征值为 $f_a = 300$ kPa。
2. 拟采用墙下条形基础。基础埋深大于 -1.000m 时应采用放阶处理，局部埋深深于 -1.000m 时（见图一）至基础持力层。
3. 基础挖至持力层应经检验合格，并经地勘、质检、设计三方会同片可后方可浇筑混凝土垫层。
4. 基础用 C20 毛石混凝土浇筑。
5. ±0.000 以下墙体采用 MU15 页岩砖 M5 水泥砂浆砌筑。
6. 基槽开挖后应尽快封闭以免暴露时间太长影响地基承载力。
7. 未详尽处详见结构设计说明。

基础结构平面图 1:100

注:阴阳处 ◁━━◁ 表示 JQL-布置

注册建筑师或结构师	姓 名		工程名称			设计号		
	注册证书号码		子项名称			图 别	结	施
	注册印章号码					图 号	2	5
所 长		设 计		基础结构平面图		日 期	2003.06	
审 定		校 核						
项目负责人		制 图						
专业负责人		描 图 CAD.P						

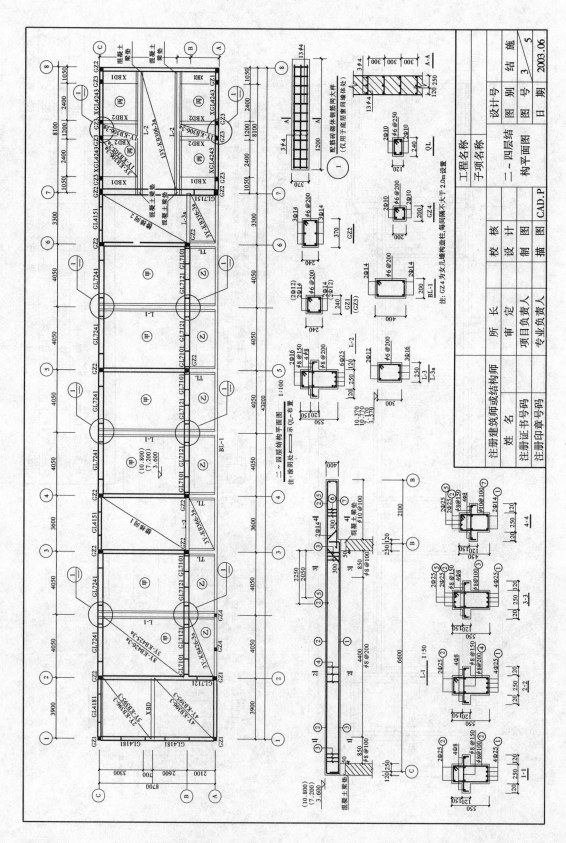

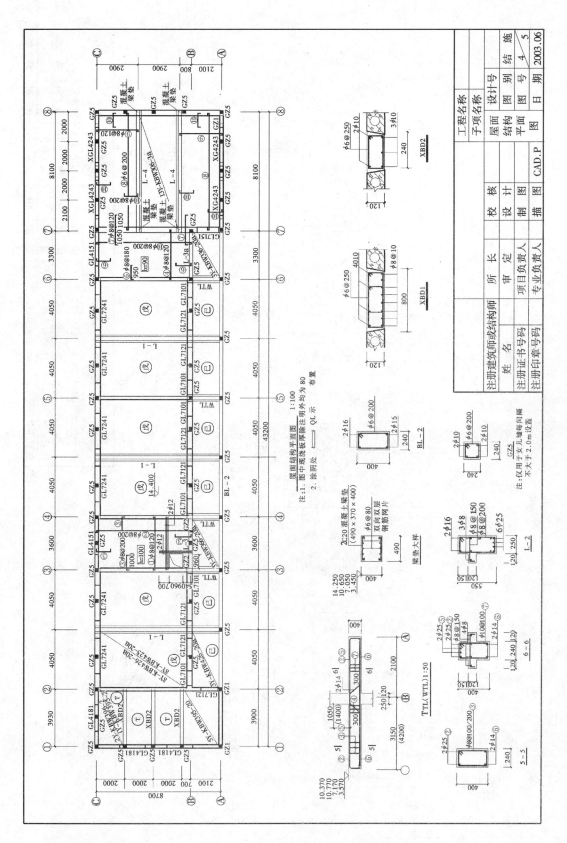

屋面结构平面图 1:100

注:1.图中观浇板厚除注明外均为80
2.涂阴处 ⊏⊐ QL示 布置

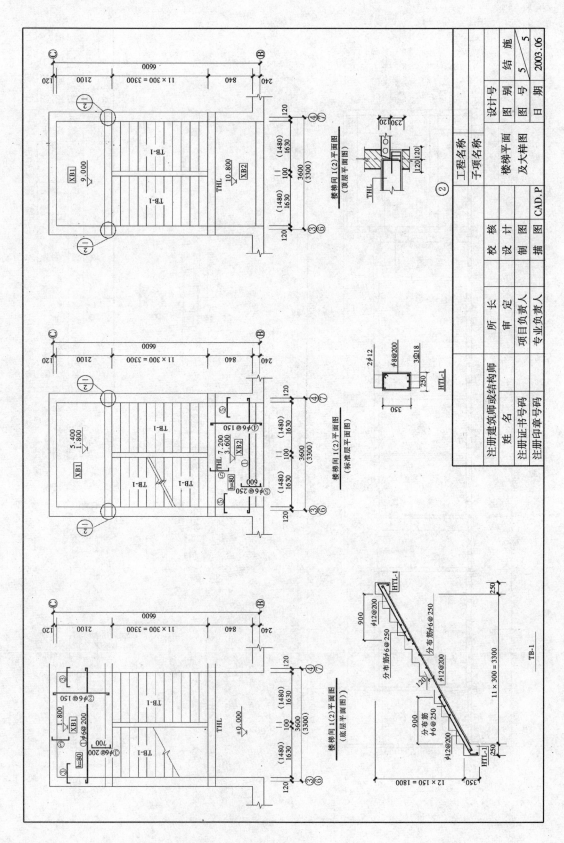

单元 4 砌体结构施工

知识点：本单元主要介绍砌体结构施工机械及砌筑脚手架的选择，砌筑砂浆的配制，砌体结构的施工方法及工艺。

教学目标：通过学习，学生能正确选择砌体结构施工机械和脚手架，正确配制、使用砌筑砂浆，掌握砌体结构的施工方法及工艺。

课题 1 砌筑施工常用施工机械及工具

1.1 砌筑施工常用施工工具

砌筑施工使用的工具视地区、习惯、施工部位、质量要求及本身特点不同有所差异。常用工具可分砌筑工具和检测工具两类。

1.1.1 砌筑工具

砌筑工具又分个人工具和共用工具两类，下面介绍砌筑常用工具。

(1) 瓦刀：又称泥刀、砖刀。分片刀和条刀两种（见图4-1）。

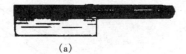 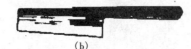

(a)   (b)

图 4-1 瓦刀

(a) 片刀；(b) 条刀

1) 片刀：叶片较宽，重量较大。我国北方打砖及发碹用。

2) 条刀：叶片较窄，重量较轻。我国南方砌筑各种砖墙的主要工具。

(2) 斗车：轮轴小于900mm，容量约0.12m³。用于运输砂浆和其他散装材料（见图4-2）。

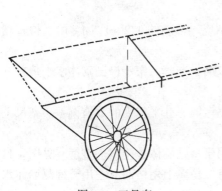 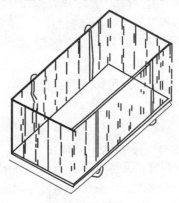

图 4-2 工具车　　　　　　　　　　　图 4-3 砖笼

（3）砖笼：采用塔吊施工时，用来吊运砖块的工具（见图4-3）。

（4）料斗：采用塔吊施工时，用来吊运砂浆的工具，料斗按工作时的状态又分立式料斗和卧式料斗（见图4-4）。

（5）灰斗：又称灰盆，用1~2mm厚的黑铁皮或塑料制成（见图4-5a），用于存放砂浆。

（6）灰桶：又称泥桶，分铁制、橡胶和塑料制三种。供短距离传递砂浆及临时贮存砂浆用（见图4-5b）。

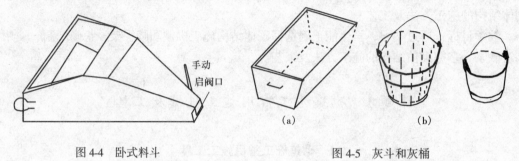

图4-4　卧式料斗

图4-5　灰斗和灰桶
（a）灰斗；（b）灰桶

1.1.2　检测工具

（1）钢卷尺：有2、3、5、30、50m等规格。用于量测轴线、墙体和其他构件尺寸（见图4-6）。

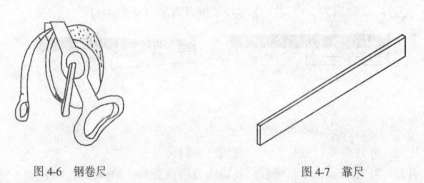

图4-6　钢卷尺

图4-7　靠尺

（2）靠尺：长度为2~4m，由平直的铝合金或木枋制成。用于检查墙体、构件的平整度（见图4-7）。

（3）托线板：又称靠尺板。用铝合金或木材制成，长度约1.2~1.5m。用于检查墙面垂直度和平整度（见图4-8）。

（4）水平尺：用铁或铝合金制作，中间镶嵌玻璃水准管。用于检测砌体水平偏差（见图4-9）。

（5）塞尺：与靠尺或托线板配合使用，用于测定墙、柱平整度的数值偏差。塞尺上每一格表示1mm（见图4-10）。

（6）线锤：又称垂球，与托线板配合使用，用于吊挂墙体、构件垂直度（见图4-11）。

（7）百格网：用铁丝编制锡焊而成，也可在有机玻璃上划格而成。用于检测墙体水平灰缝砂浆饱满度（见图4-12）。

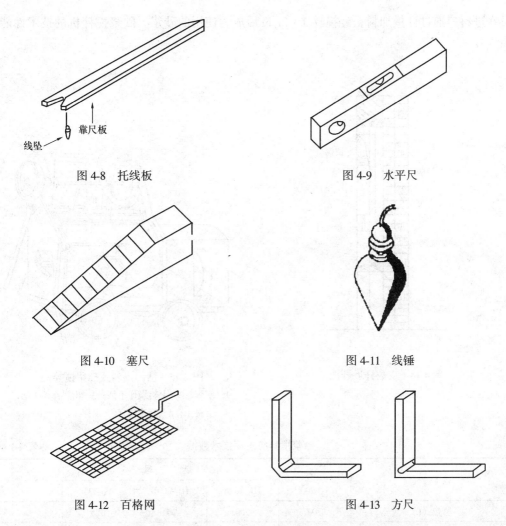

图 4-8　托线板　　　　　　　　　　　　图 4-9　水平尺

图 4-10　塞尺　　　　　　　　　　　　图 4-11　线锤

图 4-12　百格网　　　　　　　　　　　图 4-13　方尺

（8）方尺：用铝合金或木材制成的直角尺，边长为 200mm。分阴角和阳角尺两种，铝合金方尺将阴角尺与阳角尺合为一体，使用更为方便。用于检测墙体转角及柱的方正度（见图 4-13）。

（9）皮数杆：用于控制墙体砌筑时的竖向尺寸，分基础皮数杆和墙身皮数杆两种。

墙身皮数杆一般用 5cm×7cm 的木枋制作，长 3.2～3.6m。上面划有砖的层数、灰缝厚度，门窗、过梁、圈梁、楼板的安装高度以及楼层的高度（见图 4-14）。

1.2　砂　浆　搅　拌　机

砂浆搅拌机是砌筑工程中的常用机械，用来制备砌筑砂浆。常用规格有 0.2m³ 和 0.325m³ 两种，台班产量为 18～26m³。按生产状态可分为周期作用和连续作用两种基本类型；按安装方式可分为固定式和移动式两种；按出料方式有倾翻出料式和活门出料式（见图 4-15）两类。目前常用的砂浆搅拌机有倾翻出料式（HJ-206 型、HJ-200B 型）和活门出料式（HJ325 型）两种。

砂浆搅拌机是由动力装置带动搅拌筒内的叶片翻动砂浆而进行工作的。一般由操作人员在进料口通过计量加料，经搅拌 1～2min 后成为使用的砂浆。砂浆搅拌机的技术性能见表 4-1。

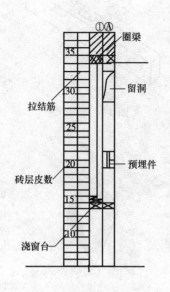

图 4-14 皮数杆展开图

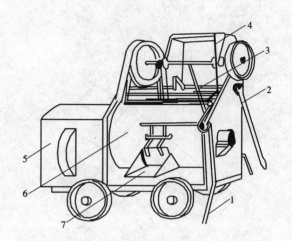

图 4-15 活门出料式砂浆搅拌机
1—水管；2—上料操作手柄；3—出料操作手柄；
4—上料斗；5—变速箱；6—搅拌斗；7—出料口

砂浆搅拌机主要技术数据 表 4-1

技术指标		型　号				
		HJ-200	HJ$_1$-200A	HJ$_1$-200B	HJ-325	连续式
容量（L）		200	200	200	325	
搅拌叶片转速（r/min）		30～28	28～30	34	30	383
搅拌时间（min）		2		2		
生产率（m³/h）				3	6	16m³/班
电机	型号	JO$_2$-42-4	JO$_2$-41-6	JO$_2$-32-4	JO$_2$-32-4	JO$_2$-32-4
	功率（kW）	2.8	3	3	3	3
	转速（r/min）	1450	950	1430	1430	1430
外形尺寸（mm）	长	2200	2000	1620	2700	610
	宽	1120	1100	850	1700	415
	高	1430	1100	1050	1350	760
自重（kg）		590	680	560	760	180

1.3 垂直运输设施的类型及设置要求

垂直运输设施指在建筑施工中担负垂直输送材料和人员上下的机械设备和设施。砌筑工程中的垂直运输量很大，不仅要运输大量的砖（或砌块）、砂浆，而且还要运输脚手架、脚手板和各种预制构件，因而合理安排垂直运输直接影响到砌筑工程的施工速度和工程成本。

1.3.1 垂直运输设施的类型

目前砌筑工程中常用的垂直运输设施有塔式起重机、井架、龙门架、施工电梯、灰浆泵等。

（1）塔式起重机

塔式起重机（图4-16）具有提升、回转、水平运输等功能，不仅是重要的吊装设备，而且也是重要的垂直运输设备，尤其在吊运长、大、重的物料时有明显的优势，故在可能条件下宜优先选用。

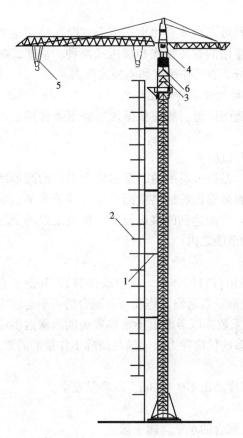

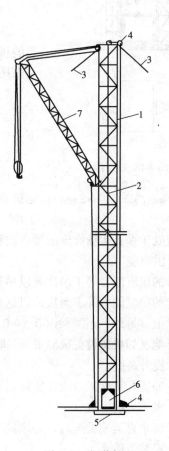

图 4-16　塔式起重机

1—撑杆；2—建筑物；3—标准节；4—操纵室；

5—起重小车；6—顶升套架

图 4-17　钢井架

1—井架；2—钢丝绳；3—缆风绳；

4—滑轮；5—垫梁；6—吊盘；7—辅

助吊臂

（2）井架、龙门架

1）井架：井架（图4-17）是施工中较常用的垂直运输设施。它的稳定性好、运输量大，除用型钢或钢管加工的定型井架之外，还可用脚手架材料搭设而成。井架多为单孔井架，但也可构成两孔或多孔井架。井架通常带一个起重臂和吊盘。起重臂起重能力为 5~

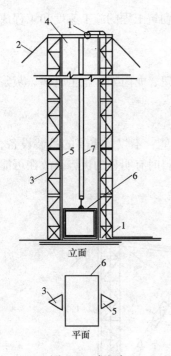

图 4-18 龙门架

1—滑轮；2—缆风绳；3—立柱；4—横梁；5—导轨；6—吊盘；7—钢丝绳

10kN，在其外伸工作范围内也可作小距离的水平运输。吊盘起重量为 10～15kN，其中可放置运料的手推车或其他散装材料。需设缆风绳保持井架的稳定。

2）龙门架：龙门架是由两根三角形截面或矩形截面的立柱及横梁组成的门式架（图 4-18）。在龙门架上设滑轮、导轨、吊盘、缆风绳等，进行材料、机具和小型预制构件的垂直运输。龙门架构造简单，制作容易，用材少，装拆方便，但刚度和稳定性较差，一般适用于中小型工程。需设缆风绳保持龙门架的稳定。

（3）灰浆泵

灰浆泵是一种可以在垂直和水平两个方向连续输送灰浆的机械，目前常用的有活塞式和挤压式两种。活塞式灰浆泵按其结构又分为直接作用式和隔膜式两类。

1.3.2　垂直运输设施的设置要求

垂直运输设施的设置一般应根据现场施工条件满足以下一些基本要求：

（1）覆盖面和供应面

塔吊的覆盖面是指以塔吊的起重幅度为半径的圆形吊运覆盖面积；垂直运输设施的供应面是指借助于水平运输手段（手推车等）所能达到的供应范围。建筑工程的全部作业面应处于垂直运输设施的覆盖面和供应面的范围之内。

（2）供应能力

塔吊的供应能力等于吊次乘以吊量（每次吊运材料的体积、重量或件数）；其他垂直运输设施的供应能力等于运次乘以运量，运次应取垂直运输设施和与其配合的水平运输机具中的低值。另外，还需乘以 0.5～0.75 的折减系数，以考虑由于难以避免的因素对供应能力的影响（如机械设备故障等）。垂直运输设备的供应能力应能满足高峰工作量的需要。

（3）提升高度

设备的提升高度能力应比实际需要的升运高度高出不少于 3m，以确保安全。

（4）水平运输手段

在考虑垂直运输设施时，必须同时考虑与其配合的水平运输手段。

（5）安装条件

垂直运输设施安装的位置应具有相适应的安装条件，如具有可靠的基础，与结构拉结可靠，水平运输通道畅通等条件。

（6）设备效能的发挥

必须同时考虑满足施工需要和充分发挥设备效能的问题。当各施工阶段的垂直运输量相差悬殊时，应分阶段设置和调整垂直运输设备，及时拆除已不需要的设备。

（7）设备拥有的条件和今后利用问题

充分利用现有设备，必要时添置或加工新的设备。在添置或加工新的设备时应考虑今后利用的前景。

（8）安全保障

安全保障是使用垂直运输设施中的首要问题，必须引起高度重视。所有垂直运输设备都要严格按有关规定操作使用。

课题2 砌筑脚手架

脚手架是建筑施工中重要的临时设施，是在施工现场为安全防护、工人操作以及解决楼层间少量垂直和水平运输而搭设的支架。

2.1 脚手架的类型

脚手架的种类很多，按搭设位置分为外脚手架和里脚手架两大类；按所用材料分为木脚手架、竹脚手架与金属脚手架；按用途分为操作脚手架、防护用脚手架、承重和支撑用脚手架；按构造形式分为多立杆式脚手架、框式脚手架、悬挑式脚手架、升降式脚手架以及用于楼层间操作的工具式脚手架等。

建筑施工脚手架应由架子工搭设。对脚手架的基本要求是：满足工人操作、材料堆放和运输的需要；坚固稳定，安全可靠；搭拆简单，搬移方便；尽量节约材料，能多次周转使用。脚手架的宽度一般为 1.5～2.0m，砌筑用脚手架的每步架高度一般为 1.2～1.4m。

2.2 外脚手架

外脚手架沿建筑物外围从地面搭起，既可用于外墙砌筑，又可用于外装饰施工。其主要形式有多立杆式、框式、桥式等。多立杆式应用最广，框式次之。

2.2.1 多立杆式脚手架

（1）基本组成和一般构造

多立杆式脚手架主要由立杆、纵向水平杆（大横杆）、横向水平杆（小横杆）、斜撑、

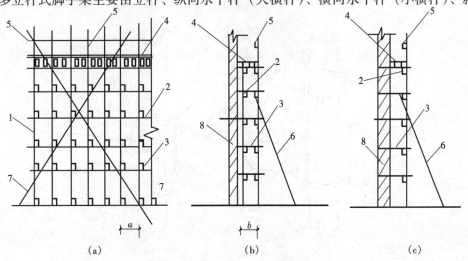

图 4-19 多立杆式脚手架

（a）立面；（b）侧面（双排）；（c）侧面（单排）

1—立柱；2—大横杆；3—小横杆；4—脚手板；5—栏杆；6—抛撑；7—斜撑；8—墙体

脚手板等组成（图4-19）。

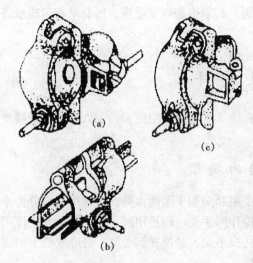

图4-20 扣件形式
(a) 回转扣件；(b) 直角扣件；(c) 对接扣件

多立杆式脚手架分双排式和单排式两种形式。双排式（图4-19b）沿墙外侧设两排立杆，小横杆二端支承在内外二排立杆上，多、高层房屋均可采用，当房屋高度超过50m时，需专门设计。单排式（图4-19c）沿墙外侧仅设一排立杆，其小横杆一端与大横杆连接，另一端支承在墙上，仅适用于荷载较小，高度较低（<25m），墙体有一定强度的多层房屋。

多立杆式钢管外脚手架有扣件式和碗扣式两种。

钢管扣件式多立杆脚手架由钢管（$\phi48\times3.5$）和扣件（图4-20）组成，采用扣件连接，既牢固又便于装拆，可以重复周转使用，因而应用广泛。这种脚手架在纵向外侧每隔一定距离需设置斜撑，以加强其纵向稳定性和整体性。另外，为了防止整片脚手架外倾和抵抗风力，整片脚手架还需均匀设置连墙杆，将脚手架与建筑物主体结构相连，依靠建筑物的刚度来加强脚手架的整体稳定性。

碗扣式钢管脚手架立杆与水平杆靠特制的碗扣接头连接（图4-21）。碗扣分上碗扣和下碗扣，下碗扣焊在钢管上，上碗扣对应地套在钢管上，其销槽对准焊在钢管上的限位销即能上下滑动。连接时，只需将横杆接头插入下碗扣内，将上碗扣沿限位销扣下，并顺时针旋转，靠上碗扣螺旋面使之与限位销顶紧，从而将横杆与立杆牢固地连在一起，形成框架结构。碗扣式接头可同时连接4根横杆，横杆可相互垂直亦可组成其他角度，因而可以

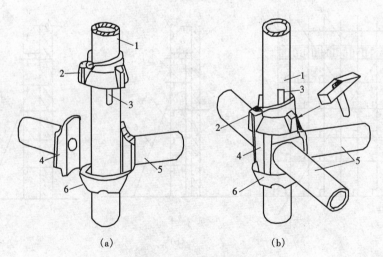

图4-21 碗扣接头构造
(a) 连接前；(b) 连接后
1—立杆；2—上碗扣；3—限位销；4—横杆接头；5—横杆；6—下碗扣

搭设各种形式的脚手架，特别适合于搭设扇形表面及高层建筑施工和装修作用两用外脚手架，还可作为模板的支撑。

多立杆式外脚手架的一般构造要求见表4-2。

多立杆式外脚手架的一般构造要求（单位：m）　　　　　　　　　　　　表 4-2

项 目 名 称		结构脚手架		装修脚手架	
		单 排	双 排	单 排	双 排
双排脚手架里立杆离墙面的距离		—	0.35～0.50	—	0.35～0.50
小横杆里端离墙面的距离或插入墙体的长度		0.30～0.50	0.10～0.15	0.30～0.50	0.15～0.20
小横杆外端伸出大横杆外的长度		>0.15			
双排脚手架内外立杆横距 单排脚手架立杆与墙面距离		1.35～1.80	1.00～1.50	1.15～1.50	0.15～1.20
立杆纵距	单立杆	1.00～2.00			
	双立杆	1.50～2.00			
大横杆间距（步高）		≤1.50		≤1.80	
第一步架步高		一般为 1.60～1.80，且≤2.00			
小横杆间距		≤1.00		≤1.50	
15～18m 高度段内铺板层和作业层的限制		铺板层不多于六层，作业层不超过两层			
不铺板时，小横杆的部分拆除		每步保留、相间抽拆，上下两步，错开，抽拆后的距离，结构架子≤1.50；装修架子≤3.00			
剪刀撑		沿脚手架纵向两端和转角处每，每隔 10m 左右设一组，斜杆与地面夹角为 45°～60°，并沿全高度布置			
与结构拉结（联墙杆）		每层设置，垂直距离≤4.0，水平距离≤6.0，且在高度段的分界面上必须设置			
水平斜拉杆		设置在与联墙杆相同的水平面上		视需要	
护身栏杆和挡脚板		设置在作业层，栏杆高 1.00；挡脚板高 0.40			
杆件对接或搭接位置		上下或左右错开，设置在不同的（步架和纵向）网格内			

注：高层脚手架当采用分段搭设时，每段的脚手架分别支承在托架上，每段搭设高度不宜超过 25m。

（2）承力结构

脚手架的承力结构主要指作业层、横向构架和纵向构架三部分。

作业层是直接承受施工荷载，荷载由脚手板传给小横杆，再传给大横杆和立柱。

横向构架由立杆和小横杆组成，是脚手架直接承受和传递垂直荷载的部分。它是脚手架的受力主体。

纵向构架是由各榀横向构架通过大横杆相互之间连成的一个整体。它应沿房屋的周围形成一个连续封闭的结构，所以房屋四周脚手架的大横杆在房屋转角处要相互交圈，并确保连续。实在不能交圈时，脚手架的端头应采取有效措施来加强其整体性。常用的措施是设置抗侧力构件、加强与主体结构的拉结等。

(3) 支撑体系

脚手架的支撑体系包括纵向支撑（剪刀撑）、横向支撑和水平支撑。这些支撑应与脚手架这一空间构架的基本构件很好连接。

设置支撑体系的目的是使脚手架成为一个几何稳定的构架，加强其整体刚度，以增大抵抗侧向力的能力，避免出现节点的可变状态和过大的位移。

1) 纵向支撑（剪刀撑）：纵向支撑是指沿脚手架纵向外侧隔一定距离由下而上连续设置的剪刀撑，具体布置如下：

(a) 脚手架高度在 25m 以下时，在脚手架两端和转角处必须设置，中间每隔 12~15m 设一道，且每片架子不少于三道。剪刀撑宽度宜取 3~5 倍立杆纵距，斜杆与地面夹角宜在 45°~60°范围内，最下面的斜杆与立杆的连接点离地面不宜大于 500mm。

(b) 脚手架高度在 25~50m 时，除沿纵向每隔 12~15m 自下而上连续设置一道剪刀撑外，在相邻两排剪刀撑之间，尚需沿高度每隔 10~15m 加设一道沿纵向通长的剪刀撑。

(c) 对高度大于 50m 的高层脚手架，应沿脚手架全长和全高连续设置剪刀撑。

2) 横向支撑：横向支撑是指在横向构架内从底到顶沿全高呈之字形设置的连续的斜撑。具体设置要求如下：

(a) 脚手架的纵向构架因条件限制不能形成封闭形，如"一"字形、"L"形或"凹"字形的脚手架，其两端必须设置横向支撑，并于中间每隔六个间距加设一道横向支撑。

(b) 脚手架高度超过 25m 时，每隔六个间距要设置横向支撑一道。

3) 水平支撑：水平支撑是指在设置联墙拉结杆件的所在水平面内连续设置的水平斜杆。一般可根据需要设置，如在承力较大的结构脚手架中或在承受偏心荷载较大的承托架、防护棚、悬挑水平安全网等部位设置，以加强其水平刚度。

(4) 抛撑和联墙杆

脚手架由于其横向构架本身是一个高跨比相差悬殊的单跨结构，仅依靠结构本身尚难以做到保持结构的整体稳定、防止倾覆和抵抗风力。对于高度低于三步的脚手架，可以采用加设抛撑来防止其倾覆，抛撑的间距不超过 6 倍立杆间距，抛撑与地面的夹角为 45°~60°，并应在地面支点处铺设垫板。对于高度超过三步的脚手架，防止倾斜和倒塌的主要措施是将脚手架整体依附在整体刚度很大的主体结构上，依靠房屋结构的整体刚度来加强和保证整片脚手架的稳定性。其具体做法是在脚手架上均匀地设置足够多的牢固的联墙点（图 4-22），间距不宜大于 3000mm。

设置一定数量的联墙杆后，整片脚手架的倾覆破坏一般不会发生。但要求与联墙杆连接一端的墙体本身要有足够的刚度，所以联墙杆在水平方向应设置在框架梁或楼板附近，竖直方向应设置在框架柱或横隔墙附近。联墙杆在房屋的每层均需布置一排，一般竖向间距为脚手架步高的 2~4 倍，不宜超过 4 倍，且绝对值在 3~4m 范围内；横向间距宜选用立杆纵距的 3~4 倍，不宜超过 4 倍，且绝对值在 4.5~6.0m 范围内。

(5) 搭设要求

脚手架搭设时应注意地基平整坚实，设置底座和垫板，并有可靠的排水措施，防止积水浸泡地基引起不均匀沉陷。杆件应按设计方案进行搭设，并注意搭设顺序，扣件拧紧程度应适度，一般扭力矩应在 40~60kN·m 之间。禁止使用规格和质量不合格的杆和配件。相邻立柱的对接扣件不得在同一高度，应随时校正杆件的垂直和水平偏差。脚手架处于顶

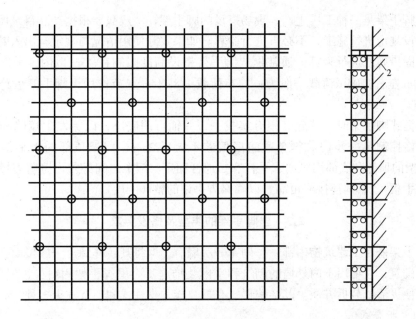

图 4-22　联墙杆的布置

1—联墙杆；2—墙体

层连墙点之上的自由高度不得大于 6m。当作业层高出其下连墙件 2 步或 4m 以上，且其上尚无连墙件时，应采取适当的临时撑拉措施。脚手板或其他作业层板铺板的铺设应符合有关规定。

2.2.2　筐式脚手架

（1）基本组成

框式脚手架也称为门式脚手架，是当今国际上应用最普遍的脚手架之一。它不仅可作为外脚手架，而且可作为内脚手架或满堂脚手架。框式脚手架由门式框架、剪刀撑、水平梁架、螺旋基脚组成基本单元，将基本单元相互连接并增加梯子、栏杆及脚手板等即形成脚手架（图 4-23）。

（2）搭设要求

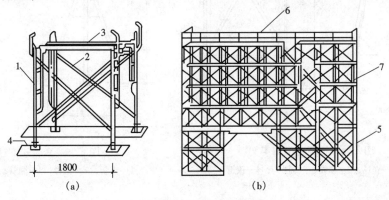

图 4-23　框式脚手架

（a）基本单元；（b）框式外脚手架

1—门式框架；2—剪刀撑；3—水平梁架；4—螺旋基脚；5—梯子；6—栏杆；7—脚手板

框式脚手架是一种工厂生产、现场搭设的脚手架，一般只要根据产品目录所列的使用荷载和搭设规定进行施工，不必再进行验算。如果实际使用情况与规定有出入时，应采取相应的加固措施或进行验算。通常框式脚手架搭设高度限制在 45m 以内，采取一定措施后达到 80m 左右。施工荷载一般为：均布荷载 $1.8kN/m^2$，或作用于脚手架板跨中的集中荷载 2kN。

搭设框式脚手架时，基底必须夯实找平，并铺可调底座，以免发生塌陷和不均匀沉降。要严格控制第一步门式框架垂直度偏差不大于 2mm，门架顶部的水平偏差不大于 5mm。门架的顶部和底部用纵向水平杆和扫地杆固定。门架之间必须设置剪刀撑和水平梁架（或脚手板），其间连接应可靠，以确保脚手架的整体刚度。

2.3 里脚手架的类型及搭设要求

里脚手架搭设于建筑物内部，每砌完一层墙后，即将其转移到上一层楼面，进行新的一层砌体砌筑，它可用于内外墙的砌筑和室内装饰施工。里脚手架用料少，但装拆频繁，故要求轻便灵活，装拆方便。其结构形式有折叠式、支柱式和门架式等多种。

2.3.1 折叠式

折叠式里脚手架适用于民用建筑的内墙砌筑和内粉刷，也可用于砖围墙、砖平房的外墙砌筑和粉刷。折叠式里脚手架根据材料不同，分为角钢、钢管和钢筋折叠式里脚手架。角钢折叠式里脚手架（图 4-24）的架设间距：砌墙时不超过 2m，粉刷时不超过 2.5m。在高度方向，可以搭设两步脚手架，第一步高约 1m，第二步高约 1.65m。钢管和钢筋折叠式里脚手架的架设间距：砌墙时不超过 1.8m，粉刷时不超过 2.2m。

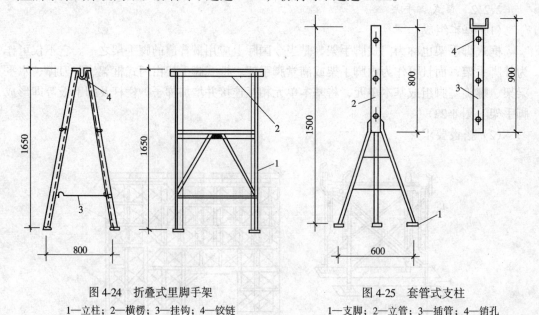

图 4-24 折叠式里脚手架
1—立柱；2—横楞；3—挂钩；4—铰链

图 4-25 套管式支柱
1—支脚；2—立管；3—插管；4—销孔

2.3.2 支柱式

支柱式里脚手架由若干个支柱和横杆组成。适用于砌墙和内粉刷。其搭设间距：砌墙时不超过 2m，粉刷时不超过 2.5m。支柱式里脚手架的支柱有套管式和承插式两种形式。

图 4-25 所示为套管式支柱，它是将插管插入立管中，以销孔间距调节高度，在插管顶端的凹形支托内搁置方木横杆，横杆上铺设脚手板。架设高度为 1.50～2.10m。

2.3.3 门架式

门架式里脚手架由两片 A 形支架与门架组成（图 4-26），适用于砌墙和粉刷。支架间距，砌墙时不超过 2.2m，粉刷时不超过 2.5m。按照支架与门架的不同结合方式，分为套管式和承插式两种。

A 形支架有立管和套管两部分（见图 4-26a），立管常用 $\phi50\times3$ 钢管，支脚可用钢管、钢筋或角钢焊成。套管式的支架立管较长，由立管与门架上的销孔调节架子高度。承插式的支架立管较短，采用双承插管，在改变架设高度时，支架可不再挪动。门架用钢管或角钢与钢管焊成，承插式门架在架设第二步时，销孔要插上销钉，防止 A 形支架被撞后转动。

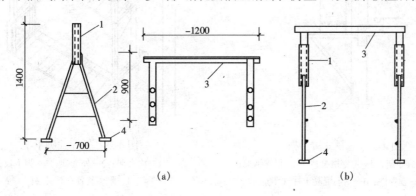

图 4-26　门架式里脚手架
（a）A形支架与门架；（b）安装示意
1—立管；2—支脚；3—门架；4—垫板

2.4　其他脚手架

2.4.1　悬挑式脚手架

悬挑式脚手架（图 4-27）简称挑架。搭设在建筑物外边缘向外伸出的悬挑结构上，将脚手架荷载全部或部分传递给建筑结构。悬挑支承结构有用型钢焊接制作的三角桁架下撑式结构以及用钢丝绳斜拉住水平型钢挑梁的斜拉式结构两种主要形式。在悬挑结构上搭设的双排外脚手架与落地式脚手架相同，分段悬挑脚手架的高度一般控制在 25m 以内。该形式的脚手架适用于高层建筑的施工。由于脚手架系沿建筑物高度分段搭设，故在一定条件下，当上层还在施工时，其下层即可提前交付使用；而对于有裙房的高层建筑，则可使裙房与主楼不受外脚手架的影响，同时展开施工。

2.4.2　升降式脚手架

升降式脚手架（图 4-28）简称爬架。它是将自身分为两大部件，分别依附固定在建筑结构上。在主体结构施工阶段，升降式脚手架利用自身带有的升降机构和升降动力设备，使两个部件互为利用，交替松开、固定，交替爬升，其爬升原理同爬升模板。在装饰施工阶段，交替下降。该形式的脚手架搭设高度为 3～4 个楼层，不占用塔吊，相对落地式外脚手架，省材料、省人工，适用于高层框架、剪力墙和筒体结构的快速施工。

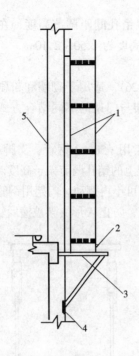

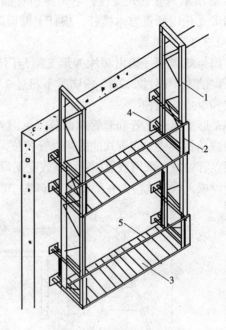

图 4-27　悬挑式脚手架

1—钢管脚手架；2—型钢横梁；3—三角支承架；
4—预埋件；5—钢筋混凝土柱（墙）

图 4-28　升降式脚手架

1—内套架；2—外套架；3—脚手板；
4—附墙装置；5—栏杆

2.5　脚手架的安全防护措施

在房屋建筑施工过程中因脚手架出现事故的概率相当高，所以在脚手架的设计、架设、使用和拆卸中均需十分重视安全防护问题。

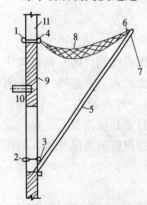

图 4-29　安全网设置

1、2、3—水平杆；4—外口水平杆；
5—斜杆；6—外水平杆；7—拉绳；
8—安全网；9—墙；10—楼板；
11—窗口

当外墙砌筑高度超过 4m 或立体交叉作业时，除在作业面正确铺设脚手板和安装防护栏杆和挡脚板外，还必须在脚手架外侧设置安全网。架设安全网时，其伸出宽度应不小于 2m，外口要高于内口，搭接应牢固，每隔一定距离应用拉绳将斜杆与地面锚桩拉牢（图4-29）。

当用里脚手架施工外墙或多层、高层建筑用外脚手架时，均需设置安全网。安全网应随楼层施工进度逐步上升，高层建筑除一道逐层上升的安全网外，尚应在下面间隔 3~4 层的部位设置一道安全网。施工过程中要经常对安全网进行检查和维修，每块支好的安全网应能承受不小于 1.6kN 的冲击荷载。

钢脚手架不得搭设在距离 35kV 以上的高压线路 4.5m 以内的地区和距离 1~10kV 高压线路 3m 以内的地区。钢脚手架在架设和使用期间，要严防与带电体接触，需要穿过或靠近 380V 以内的电力线路，距离在 2m 以内时，则应断电或拆除电源，如不能拆除，应采取可靠的绝缘措施。

96

搭设在旷野、山坡上的钢脚手架，如在雷击区域或雷雨季节时，应设避雷装置。

课题3 砌筑材料的制备

3.1 砌 筑 砂 浆

砌筑砂浆是砌体的重要组成部分。它将砖、石、砌块等粘结成为整体，并起着传递荷载的作用。

3.1.1 砌筑砂浆的分类

砂浆按组成材料不同可分为水泥砂浆、水泥混合砂浆和非水泥砂浆三类。

（1）水泥砂浆

水泥砂浆是由水泥、细骨料和水配制的砂浆；水泥砂浆具有较高的强度和耐久性，但和易性差，多用于高强度和潮湿环境的砌体中。

（2）水泥混合砂浆

水泥混合砂浆是由水泥、细骨料、掺加料（石灰膏、粉煤灰、黏土等）和水配制的砂浆（如水泥石灰砂浆、水泥黏土砂浆等）。水泥混合砂浆具有一定的强度和耐久性，且和易性和保水性好，多用于一般墙体中。

（3）非水泥砂浆

不含有水泥的砂浆，如石灰砂浆、黏土砂浆等。非水泥砂浆强度低且耐久性差，可用于简易建筑或临时建筑的砌体中。

3.1.2 砌筑砂浆的组成材料

（1）水泥

根据砂浆用途、所处环境条件选择水泥的品种。砌筑砂浆宜采用砌筑水泥、普通水泥、矿渣水泥、火山灰水泥和粉煤灰水泥。对用于混凝土小型空心砌块的砌筑砂浆，一般宜采用普通水泥或矿渣水泥。

砌筑砂浆所用水泥的强度等级，应根据设计要求进行选择。水泥砂浆不宜采用强度等级大于 32.5 级的水泥；水泥混合砂浆不宜采用强度等级大于 42.5 级的水泥。如果水泥强度等级过高，则应加入掺混材料，以改善水泥砂浆的和易性。

（2）砂

砌筑砂浆用砂宜选用中砂，其中毛石砌体宜选用粗砂。砂中的含泥量，对于纯水泥砂浆和强度等级不小于 M5 的水泥混合砂浆，不宜超过 5%；对于强度等级小于 M5 的水泥混合砂浆，不应超过 10%。

（3）掺加料与外加剂

为改善砂浆的和易性，减少水泥用量，砂浆中可加入无机材料（如石灰膏、黏土膏等）或外加剂。所用的石灰膏应充分熟化，熟化时间不得少于 7d；磨细生石灰粉的熟化时间不得少于 2d。沉淀池中贮存的石灰膏，应采取措施防止干燥、冻结和污染。严禁使用脱水硬化的石灰膏。所用的石灰膏的稠度应控制在 120mm 左右。为节省水泥、石灰用量，还可在砂浆中掺入粉煤灰来改善砂浆的和易性。

砌筑砂浆中掺入砂浆外加剂是发展方向。外加剂包括：微沫剂、减水剂、早强剂、促凝剂、缓凝剂、防冻剂等，外加剂的掺量应严格按照使用说明书掺放。

微沫剂是用松香与工业纯碱熬制成的一种憎水性有机表面活性物质，掺入砂浆中经强力搅拌，会形成许多微小气泡，能增强水泥的分散性，从而改善砂浆的和易性。

（4）水

拌合砂浆用水与混凝土拌合水的要求相同，应选用无有害杂质的洁净水拌制砂浆。

3.1.3 砌筑砂浆的性质

砌筑砂浆应具有良好的和易性、足够的抗压强度、粘结强度和耐久性。

（1）和易性

和易性良好的砂浆便于操作，能在砖、石表面上铺成均匀的薄层，并能很好地与底层粘结。和易性良好的砂浆，既便于施工操作，提高劳动生产率，又能保证工程质量。砂浆和易性包括流动性和保水性。和易性包括稠度和保水性两个方面。

1）流动性：砂浆的流动性也叫做稠度，是指在自重或外力作用下流动的性能，用"沉入度"表示。沉入度大，砂浆流动性大，但流动性过大，硬化后强度将会降低；若流动性过小，则不便于施工操作。

砂浆流动性的大小与砌体材料种类、施工条件及气候条件等因素有关。对于多孔吸水的砌体材料和干热的天气，则要求砂浆的流动性大些；相反对于密实不吸水的材料和湿冷的天气，则要求流动性小些。用于砌体的砂浆的稠度应按表 4-3 选用。

2）保水性：新拌砂浆能够保持水分的能力称为保水性，用"分层度"表示；砂浆的分层度在 10 ~ 20mm 之间为宜，不得大于30mm。分层度大于 30mm 的砂浆，容易产生离析，不便于施工；分层度接近于零的砂浆，容易发生干缩裂缝。

	砌筑砂浆的稠度	表 4-3
项次	砌 体 种 类	砂浆稠度（mm）
1	烧结普通砖砌体	70 ~ 90
2	轻骨料混凝土小型砌块砌体	60 ~ 90
3	烧结多孔砖、空心砖砌体	60 ~ 80
4	烧结普通砖平拱式过梁 空斗墙、筒拱 普通混凝土小型空心砌块砌体 加气混凝土砌块砌体	50 ~ 70
5	石砌体	30 ~ 50

（2）砂浆的强度

砂浆在砌体中主要起传递荷载的作用，并经受周围环境介质作用，因此砂浆应具有一定的抗压强度。

砂浆的强度等级是以边长为 70.7mm 的立方体试块，在标准养护条件下（水泥混合砂浆为温度 20±3℃，相对湿度 60% ~ 80%；水泥砂浆为温度 20±3℃，相对湿度 90% 以上），用标准试验方法测得 28d 龄期的抗压强度来确定的。砌筑砂浆的强度等级有 M20、M15、M10、M7.5、M5、M2.5。

各强度等级砂浆相应的抗压强度值应符合表 4-4 的规定。

（3）砂浆的粘结强度

砌筑砂浆必须有足够的粘结强度，以便将砖、石、砌块粘结成坚固的砌体。根据试验结果，凡保水性能优良的砂浆，粘结强度一般较好。砂浆强度等级愈高，其粘结强度也愈大。砂浆粘结强度与砖石表面清洁度、润湿情况及养护条件有关。砌砖前砖要浇水湿润，其含水率控制在 10% ~ 15% 为宜。

表 4-4

砌筑砂浆强度等级

强度等级	龄期 28d 抗压强度（MPa）		强度等级	龄期 28d 抗压强度（MPa）	
	各组平均值不小于	最小一组平均值不小于		各组平均值不小于	最小一组平均值不小于
M15	15	11.25	M2.5	2.5	1.88
M10	10	7.5	M1	1.0	0.75
M7.5	7.5	5.63	M0.4	0.4	0.3
M5	5	3.75			

（4）砂浆的耐久性

对有耐久性要求的砌筑砂浆，经数次冻隔循环后，其质量损失率不得大于 5%，抗压强度损失率不得大于 25%。

试验证明：砂浆的粘结强度、耐久性均随抗压强度的增大而提高，即它们之间有一定的相关性，而且抗压强度的试验方法较为成熟，测试较为简单准确，所以工程上常以抗压强度作为砂浆的主要技术指标。

3.1.4 砂浆的配合比计算

砂浆初步配合比可通过查有关资料或手册来选取或通过计算来进行，然后再进行试拌调整。砂浆的配合比以质量比表示。

1. 砌筑砂浆配合比设计的基本要求与一般规定

砌筑砂浆配合比设计应满足以下基本要求：

（1）砂浆拌合物的和易性应满足施工要求，且拌合物的体积密度：水泥砂浆不小于 1900kg/m³；水泥混合砂浆不小于 1800kg/m³。

（2）砌筑砂浆的强度、耐久性应满足设计要求。

（3）水泥砂浆的最小水泥用量不宜小于 200kg/m³。

（4）应经济、合理，水泥及掺合料的用量应较少。

2. 砌筑砂浆配合比设计

（1）水泥混合砂浆配合比设计步骤如下：

1）计算试配强度：

$$f_{m,o} = f_2 + 0.645\sigma \tag{4-1}$$

式中　$f_{m,o}$——砂浆试配强度（MPa），精确至 0.1MPa；

　　　f_2——砂浆抗压强度平均值（MPa），精确至 0.1MPa；

　　　σ——砂浆现场标准差（MPa），精确至 0.01MPa。

砌筑砂浆现场强度标准差 σ，当有统计资料时，统计周期内同一砂浆试件的组数 $n >$ 25 时，应按下式计算：

$$\sigma = \sqrt{\frac{\sum_{n-1}^{n} f_{cu,i}^2 - n f_{cu,m}^2}{n-1}} \tag{4-2}$$

当不具有近期统计资料时，可按表 4-5 选取。

砌筑砂浆强度标准差 σ 选用表   表 4-5

(MPa) 施工水平 \ 砂浆强度等级	M2.5	M5	M7.5	M10	M15	M20
优 良	0.50	1.00	1.50	2.00	3.00	4.00
一 般	0.62	1.25	1.88	2.50	3.75	5.00
较 差	0.75	1.50	2.25	3.00	4.50	6.00

2）计算水泥用量 Q_c：

$$Q_c = 1000(f_{m,o} - \beta)/\alpha f_{ce} \qquad (4-3)$$

式中　Q_c——每立方米砂浆的水泥用量（kg），精确至 1kg；

f_{ce}——水泥的实测强度（MPa），精确至 0.1MPa；

α、β——砂浆的特征系数，其中：

$$\alpha = 3.03; \beta = -15.09。$$

无法取得水泥的实测强度值时，可按下式计算：

$$f_{ce} = r_c f_{ce,k} \qquad (4-4)$$

式中　$f_{ce,k}$——水泥强度等级对应的强度值，MPa；

r_c——水泥强度等级值的富余系数，应按实际统计资料确定，无统计资料时，可取 1.0。

3）计算掺加料用量 Q_D：

$$Q_D = Q_A - Q_C \qquad (4-5)$$

式中　Q_D——每立方米砂浆的掺加料用量，精确至 1kg；石灰膏、黏土膏使用时的稠度为 120±5mm；

Q_C——每立方米砂浆的水泥用量，精确至 1kg；

Q_A——每立方米砂浆中水泥掺加料的总量，精确至 1kg；宜在 300～350kg 之间选用。

4）计算砂用量 Q_S：

$$Q_S = \rho'_0 \cdot V_S \qquad (4-6)$$

式中　Q_S——每立方米砂浆的砂用量，kg；

ρ'_0——砂浆的堆积密度，kg/m^3；

V_S——砂的堆积体积，m^3。

采用干砂（含水率小于 0.5%）配制砂浆时，砂的堆积体积取 $V_S = 1m^3$；若其他含水状态，应对砂的堆积体积进行换算。

5）用水量的选用：

每立方米砂浆中的用水量，根据砂浆稠度等要求可选用 $Q_w = 240～310kg$。

选取时应注意混合砂浆中的用水量，不包括石灰膏或黏土膏中的水；当采用细砂或粗砂时，用水量分别取上限或下限；稠度小于 70mm 时，用水量可小于下限；施工现场气候炎热或干燥季节，可酌情增加用水量。

6) 计算初步配合比：

$$Q_c : Q_D : Q_s = 1 : X : Y \qquad (4\text{-}7)$$

7) 配合比试配、调整与确定：

在试配中若初步配合比不满足砂浆和易性要求时，则需要调整材料用量，直到符合要求为止。将此配合比确定为试配时的砂浆基准配合比。

一般应按不同水泥用量，至少选择 3 个配合比，进行强度检验。其中一个为基准配合比，其余两个配合比的水泥用量，是在基准配合比的基础上，分别增加或减少 10%。在保证稠度、分层度合格的前提下，可将用水量或掺加料用量作相应调整。

将 3 个不同的配合比调整满足和易性要求后，按规定试验方法成型试件，测定 28d 砂浆强度，从中选定符合试配强度要求，且水泥用量最低的配合比作为砂浆配合比。根据砂的含水率，将配合比换算为施工配合比。

(2) 水泥砂浆配合比设计：水泥砂浆配合比可按表 4-6 选用各种材料用量后进行试配、调整，试配、调整方法与水泥混合砂浆相同。

1m³ 水泥砂浆材料用量参考表 (kg)　　　　　　　　　表 4-6

强度等级	1m³ 砂浆水泥用量	1m³ 砂浆砂用量	1m³ 砂浆用水量
M2.5 ~ M5	200 ~ 230		
M5 ~ M10	220 ~ 280	1m³ 砂的堆积密度值	270 ~ 330
M15	280 ~ 340		
M20	340 ~ 400		

3. 砌筑砂浆配合比计算实例

【例 4-1】 某砌筑工程用水泥石灰混合砂浆，要求砂浆的强度等级为 M5，稠度为 70 ~ 90mm。原材料为：水泥用普通水泥 32.5 级，实测强度为 35.6MPa；砂用中砂，堆积密度为 1450kg/m³，含水率为 2%；石灰膏的稠度为 120mm。施工水平一般。试计算砂浆的配合比。

【解】

(1) 确定试配强度：

查表 13-5 可得 $\sigma = 1.25$MPa，则

$$f_{m,o} = f_2 + 0.645\sigma = 5 + 0.645 \times 1.25 = 5.80\text{MPa}$$

(2) 计算水泥用量 Q_c：

由 $\alpha = 3.03$，$\beta = -15.09$ 得

$$Q_c = 1000(f_{m,o} - \beta)/\alpha f_{ce} = 1000(5.8 + 15.09)/(3.03 \times 35.6) = 194\text{kg}$$

(3) 计算石灰膏用量 Q_D：

取 $Q_A = 300$kg，则

$$Q_D = Q_A - Q_C = 300 - 194 = 106\text{kg}$$

(4) 确定砂子用量 Q_S：

$$Q_S = \rho'_0 \cdot V_S = 1450 \times (1 + 2\%) = 1479\text{kg}$$

(5) 确定用水量 Q_W：

可选取 $Q_W = 300\text{kg}$，扣除砂中所含的水量，拌合用水量为：

$$Q_w = 300 - 1450 \times 2\% = 271\text{kg}$$

（6）砂浆的配合比为：

$$Q_C : Q_D : Q_S : Q_w = 194 : 106 : 1479 : 271 = 1 : 0.55 : 7.62 : 1.40$$

上试所计算得到的配合比还应经试配调整确定。

3.1.5 砂浆的制备

砂浆应按试配调整后确定的配合比进行计量配料。砂浆应采用机械拌合，其拌合时间自投料完算起，水泥砂浆和水泥混合砂浆不得少于 2min；水泥粉煤灰砂浆和掺用外加剂的砂浆不得少于 3min；掺用有机塑化剂的砂浆为 3～5min。拌成后的砂浆，其稠度应符合表 4-3 规定；分层度不应大于 30mm；颜色一致。砂浆拌成后应盛入贮灰器中，如砂浆出现泌水现象，应在砌筑前再次拌合。砂浆应随拌随用。水泥砂浆和水泥混合砂浆必须分别在拌成后 3h 和 4h 内使用完毕；如施工期间最高气温超过 30℃时，必须分别在拌成后 2h 和 3h 内使用完毕。

3.2 砖 的 准 备

砖的品种、强度等级必须符合设计要求，并应规格一致。用于清水墙、柱表面的砖，尚应边角整齐、色泽均匀。

在砌砖前应提前 1～2d 将砖堆浇水湿润，以使砂浆和砖能很好地粘结。严禁砌筑前临时浇水，以免因砖表面存有水膜而影响砌体质量。烧结普通砖、多孔砖含水率宜为 10%～15%；灰砂砖、粉煤灰砖含水率宜为 8%～12%。检查含水率的最简易方法是现场断砖，砖截面周围融水深度达 15～20mm 即视为符合要求。

课题 4　砌体结构的施工方法

4.1　砌筑结构的一般要求

砌体可分为：砖砌体、砌块砌体、石材砌体、配筋砌体等几种。砖砌体主要用来砌墙和柱；砌块砌体多用于定型设计的民用房屋及工业厂房的墙体；石材砌体，多用于带形基础、挡土墙及某些墙体结构；配筋砌体是在砌体水平灰缝中配置钢筋网片或在砌体外部的预留槽沟内设置竖向粗钢筋的组合砌体。

砌体除应采用符合质量要求的原材料外，还必须有良好的砌筑质量，以使砌体有良好的整体性、稳定性和良好的受力性能，一般要求灰缝横平竖直，砂浆饱满，厚薄均匀，砌块应上下错缝，内外搭砌，接槎牢固，墙面垂直；要预防不均匀沉降引起开裂；要注意施工中墙、柱的稳定性；冬期施工时还要采取相应的措施。

4.2　毛石基础及砖基础的砌筑

4.2.1　毛石基础

（1）毛石基础构造

毛石基础是用毛石与水泥砂浆或水泥混合砂浆砌成。所用毛石应质地坚硬、无裂纹、强度等级一般为 MU20 以上，砂浆宜用水泥砂浆，强度等级应不低于 M5。

毛石基础可作墙下条形基础或柱下独立基础。按其断面形状有矩形、阶梯形和梯形等。基础顶面宽度应比墙基底面宽度大于 200mm；基础底面宽度依设计计算而定。梯形基础坡角应大于 60°。阶梯形基础每阶高不小于 300mm，每阶挑出宽度不大于 200mm（图 4-30）。

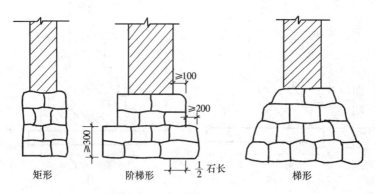

矩形　　阶梯形　　梯形

图 4-30　毛石基础

（2）毛石基础施工要点

1）基础砌筑前，应先行验槽并将表面的浮土和垃圾清除干净。

2）放出基础轴线及边线，其允许偏差应符合规范规定。

3）毛石基础砌筑时，第一皮石块应坐浆，并大面向下；料石基础的第一皮石块应丁砌并座浆。砌体应分皮卧砌，上下错缝，内外搭砌，不得采用先砌外面石块然后在中间填心的砌筑方法。

4）石砌体的灰缝厚度：毛料石和粗料石砌体不宜大于 20mm，细料石砌体不宜大于 5mm。石块间较大的孔隙应先填塞砂浆后用碎石嵌实，不得采用先放碎石块后灌浆或干填碎石块的方法。

5）为增加整体性和稳定性，应按规定设置拉结石。

6）毛石基础的最上一皮及转角处、交接处和洞口处，应选用较大的平毛石砌筑。有高低台的毛石基础，应从低处砌起，并由高台向低台搭接，搭接长度不小于基础高度。

7）阶梯形毛石基础，上阶的石块应至少压砌下阶石块的 1/2，相邻阶梯毛石应相互错缝搭接。

8）毛石基础的转角处和交接处应同时砌筑。如不能同时砌筑又必须留槎时，应砌成斜槎。基础每天可砌高度应不超过 1.2m。

4.2.2　砖基础

（1）砖基础构造

砖基础下部通常扩大，称为大放脚。大放脚有等高式和不等高式两种（图 4-31）。等高式大放脚是两皮一收，即每砌两皮砖，两边各收进 1/4 砖长；不等高式大放脚是两皮一收与一皮一收相间隔，即砌两皮砖，收进 1/4 砖长，再砌一皮砖，收进 1/4 砖长，如此往复。在相同底宽的情况下，后者可减小基础高度，但为保证基础的强度，底层需用两皮一收砌筑。大放脚的底宽应根据计算而定，各层大放脚的宽度应为半砖长的整倍数（包括灰缝）。

在大放脚下面为基础垫层，垫层一般用灰土、碎砖三合土或混凝土等。在墙基顶面应设防潮层，防潮层宜用1:2.5水泥砂浆加适量的防水剂铺设，其厚度一般为20mm，位置在底层室内地面以下一皮砖处，即离底层室内地面下60mm处。

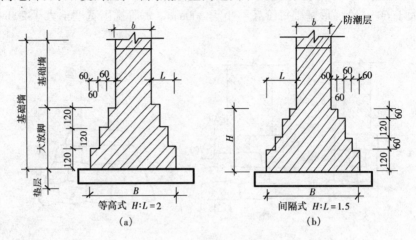

图 4-31　砖基础大放脚
(a) 等高式；(b) 不等高式

（2）砖基础施工要点

1）砌筑前，应将垫层表面的浮土及垃圾清除干净。

2）基础施工前，应在主要轴线部位设置引桩，以控制基础、墙身的轴线位置，并从中引出墙身轴线，而后向两边放出大放脚的底边线。在垫层转角、交接及高低踏步处预先立好基础皮数杆。

3）砌筑时，可依皮数杆先在转角及交接处砌几皮砖，然后在其间拉准线砌中间部分。内外墙砖基础应同时砌筑，如不能同时砌筑时应留置斜槎，斜槎长度不应小于斜槎高度。

4）基础底标高不同时，应从低处砌起，并由高处向低处搭接。如设计无要求，搭接长度不应小于大放脚的高度。

5）大放脚部分一般采用一顺一丁砌筑形式。水平灰缝及竖向灰缝的宽度应控制在10mm左右，水平灰缝的砂浆饱满度不得小于80%，竖缝要错开。要注意丁字及十字接头处砖块的搭接，在这些交接处，纵横墙要隔皮砌通。大放脚的最下一皮及每层的最上一皮应以丁砌为主。

6）基础砌完验收合格后，应及时回填。回填土要在基础两侧同时进行，并分层夯实。

4.3　砖墙的砌筑形式

普通砖墙的砌筑形式主要有一顺一丁、三顺一丁、梅花丁、两平一侧和全顺式。

1. 一顺一丁

一顺一丁是一皮全部顺砖与一皮全部丁砖间隔砌成。上下皮竖缝相互错开1/4砖长（图4-32a）。这种砌法效率较高，适用于砌一砖、一砖半及二砖墙。

2. 三顺一丁

三顺一丁是三皮全部顺砖与一皮全部丁砖间隔砌成。上下皮顺砖间竖缝错开1/2砖长；上下皮顺砖与丁砖间竖缝错开1/4砖长（图4-32b）。这种砌法因顺砖较多效率较高，适用于砌一砖、一砖半墙。

3. 梅花丁

梅花丁是每皮中丁砖与顺砖相隔，上皮丁砖坐中于下皮顺砖，上下皮间竖缝相互错开1/4砖长（图4-32c）。这种砌法内外竖缝每皮都能避开，故整体性较好，灰缝整齐，比较美观，但砌筑效率较低。适用于砌一砖及一砖半墙。

4. 两平一侧

两平一侧采用两皮平砌砖与一皮侧砌的顺砖相隔砌成。当墙厚为3/4砖时，平砌砖均为顺砖，上下皮平砌顺砖间竖缝相互错开1/2砖长；上下皮平砌顺砖与侧砌顺砖间竖缝相互1/2砖长。当墙厚为 $1\frac{1}{4}$ 砖长时，上下皮平砌顺砖与侧砌顺砖间竖缝相互错开1/2砖长；上下皮平砌丁砖与侧砌顺砖间竖缝相互错开1/4砖长。这种形式适合于砌筑3/4砖墙及 $1\frac{1}{4}$ 砖墙。

5. 全顺式

全顺式是各皮砖均为顺砖，上下皮竖缝相互错开1/2砖长。这种形式仅使用于砌半砖墙。

为了使砖墙的转角处各皮间竖缝相互错开，必须在外角处砌七分头砖（3/4砖长）。当采用一顺一丁组砌时，七分头的顺面方向依次砌顺砖，丁面方向依次砌丁砖（图4-33a）。

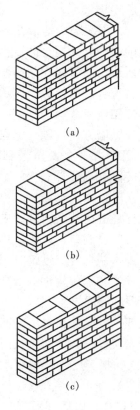

图 4-32　砖墙组砌形式
（a）一顺一丁；（b）三顺一丁；（c）梅花丁

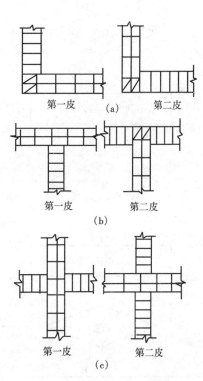

第一皮　（a）　第二皮

第一皮　　　　第二皮
（b）

第一皮　　　　第二皮
（c）

图 4-33　砖墙交接处组砌
（a）一砖墙转角（一顺一丁）；（b）一砖墙丁字交接处
（一顺一丁）；（c）一砖墙十字交接处（一顺一丁）

砖墙的丁字接头处，应分皮相互砌通，内角相交处竖缝应错开1/4砖长，并在横墙端头处加砌七分头砖（图4-33b）。

砖墙的十字接头处，应分皮相互砌通，交角处的竖缝应相互错开1/4砖长（图4-33c）。

4.4 砖墙的砌筑工艺

4.4.1 工艺流程

砖墙的砌筑一般有抄平、放线、摆砖、立皮数杆、盘角、挂线、砌筑、勾缝、清理等工序。砖墙砌体施工工艺流程详见图4-34。

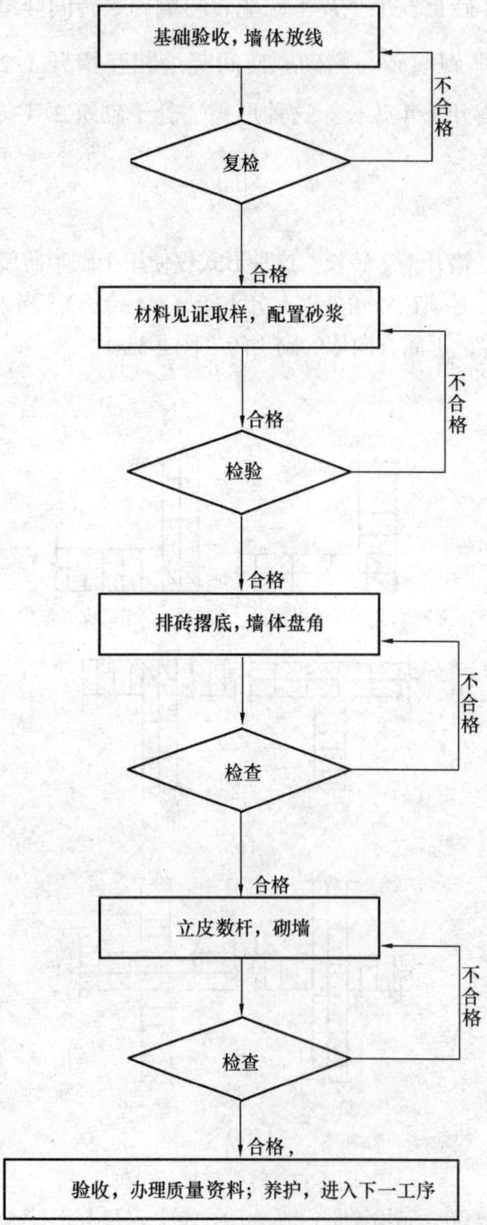

4.4.2 操作工艺

（1）抄平放线

砌墙前先在基础防潮层或楼面上定出各层标高，并用水泥砂浆或C10细石混凝土找平，然后根据龙门板上标志的轴线，弹出墙身轴线、边线及门窗洞口位置（见图4-35）。二楼以上墙的轴线可以用经纬仪或垂球将轴线引测上去。

（2）摆砖

摆砖，又称摆脚，是指在放线的基面上按选定的组砌方式用干砖试摆。目的是为了校对所放出的墨线在门窗洞口、附墙垛等处是否符合砖的模数，以尽可能减少砍砖，并使砌体灰缝均匀，组砌得当。一般在房屋外纵墙方向摆顺砖，在山墙方向摆丁砖，摆砖由一个大角摆到另一个大角，砖与砖留10mm缝隙。

（3）立皮数杆

皮数杆是指在其上划有每皮砖和灰缝厚度，以及门窗洞口、过梁、楼板等高度位置的一种木制标杆。砌筑时用来控制墙体竖向尺寸及各部位构件的竖向标高，并保证灰缝厚度的均匀性。

皮数杆一般设置在房屋的四大角以及纵横墙的交接处，如墙面过长时，应每隔10~15m立一根。皮数杆需用水平仪统一竖立，使皮数杆上的±0.000与建筑物的±0.000相吻合，以后即可以向上接皮数杆（见图4-36）。

（4）盘角、挂线

图 4-34 砖墙砌体施工工艺流程图

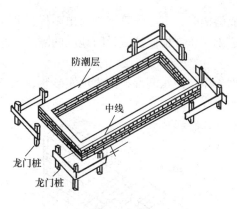

图 4-35 墙身弹线

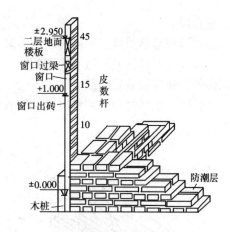

图 4-36 立皮数杆

墙角是控制墙面横平竖直的主要依据，所以，一般先砌墙角，墙角砖层高度必须与皮数杆相符合，做到"三皮一吊，五皮一靠"。墙角必须双向垂直。

墙角砌好后，即可挂小线，作为砌筑中间墙体的依据，以保证墙面平整，一般一砖墙可用单面挂线，一砖半墙及一砖半以上墙体则应采用双面挂线。

（5）砌筑、勾缝

砌筑操作方法各地不一，但应保证砌筑质量要求。通常采用"三一"砌砖法，即一块砖、一铲灰、一揉压，并随手将挤出的砂浆刮去的砌筑方法。这种砌法的优点是灰缝容易饱满、粘结力好、墙面整洁。

勾缝是砌清水墙的最后一道工序，可以用砂浆随砌随勾缝，叫做原浆勾缝；也可砌完墙后再用 1:1.5 水泥砂浆或加色砂浆勾缝，称为加浆勾缝。勾缝具有保护墙面和增加墙面美观的作用，为了确保勾缝质量，勾缝前应清除墙面粘结的砂浆和杂物，并洒水润湿，灰缝可勾成凹、平、斜或凸形状。勾缝完后尚应清扫墙面。

4.5 砖墙的施工要点

（1）砌筑前，应将砌筑部位清理干净，放出墙身中心线及边线，浇水湿润。

（2）全部砖墙应平行砌起，砖层必须水平，砖层正确位置用皮数杆控制，基础和每楼层砌完后必须校对一次水平、轴线和标高，在允许偏差范围内，其偏差值应在基础或楼板顶面调整。

（3）砖墙的水平灰缝和竖向灰缝宽度一般为 10mm，但不小于 8mm，也不应大于 12mm。水平灰缝的砂浆饱满度不得低于 80%，竖向灰缝宜采用挤浆或加浆方法，使其砂浆饱满，严禁用水冲浆灌缝。

（4）砖墙的转角处和交接处应同时砌筑。对不能同时砌筑而又必须留槎时，应砌成斜槎，斜槎长度不应小于高度的 2/3（图 4-37）。非抗震设防及抗震设防烈度为 6 度、7 度地区的临时间断处，当不能留斜槎时，除转角处外，可留直槎，但必须做成凸槎，并加设拉结筋。拉结筋的数量为每 120mm 墙厚放置 1φ6 拉结钢筋（半砖墙应放置 2φ6 拉结钢筋），间距沿墙高不应超过 500mm；埋入长度从留槎处算起每边均不应小于 500mm，对抗震设防烈度为 6 度、7 度的地区，不应小于 1000mm；末端应有 90°弯钩（图 4-38）。抗震设防地区不得留直槎。

（5）隔墙与承重墙如不同时砌筑而又不留成斜槎时，可于承重墙中引出阳槎，并在其灰缝中预埋拉结筋，其构造与上述相同，但每道不少于 2 根。抗震设防地区的隔墙，除应留阳槎外，还应设置拉结筋。

（6）砖墙接槎时，必须将接槎处的表面清理干净，浇水润湿，并应填实砂浆，保持灰缝平直。

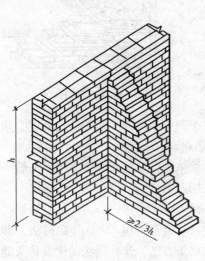
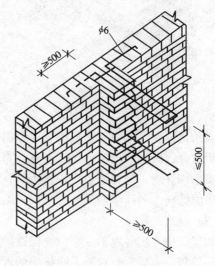

图 4-37　斜槎　　　　　　　　　　　　　图 4-38　直槎

（7）每层承重墙的最上一皮砖、梁或梁垫的下面及挑檐、腰线等处，应是整砖丁砌。填充墙砌至接近梁、板底时，应留一定空隙，待填充墙砌筑完并至少间隔 7d 后，再将其补砌挤紧。

（8）砖墙中留置临时施工洞口时，其侧边离交接处的墙面不应小于 500mm，洞口净宽度不应超过 1m。

（9）砖墙相邻工作段的高度差，不得超过一个楼层的高度，也不宜大于 4m。工作段的分段位置应设在伸缩缝、沉降缝、防震缝或门窗洞口处。砖墙临时间断处的高度差，不得超过一步脚手架的高度。砖墙每天砌筑高度以不超过 1.8m 为宜。

（10）在下列墙体部位不得留设脚手眼：

1）120mm 厚墙、料石清水墙和独立柱；

2）过梁上与过梁成 60°角的三角形范围及过梁净跨度 1/2 的高度范围内；

3）宽度小于 1m 的窗间墙；

4）砌体门窗洞口两侧 200mm（石砌体为 300mm）和转角处 450mm（石砌体为 600mm）范围内；

5）梁或梁垫下及其左右 500mm 范围内；

6）设计不允许设置脚手眼的部位。

4.6　砌块砌体施工工艺

用砌块代替烧结普通砖做墙体材料，是墙体改革的一个重要途径。近几年来，中小型砌块在我国得到了广泛应用。常用的砌块有粉煤灰硅酸盐砌块、普通混凝土空心砌块、煤矸石硅酸盐空心砌块等。砌块的规格不统一，一般高度为 380～940mm，长度为高度的 1.5～2.5 倍，厚度为 180～300mm，每块砌块重量 50～200kg。

4.6.1 砌块的排列

由于大、中型砌块体积较大、较重，不如普通砖搬动方便，多用专门设备进行吊装砌筑，且砌筑时必须使用整块，不像普通砖可随意砍凿，因此，在施工前，须根据工程平面图、立面图及门窗洞口的大小、楼层标高、构造要求等条件，绘制各墙的砌块排列图，以指导吊装砌筑施工。

砌块排列图按每片纵横墙分别绘制（图 4-39）。其绘制方法是在立面上用 1：50 或 1：30 的比例绘出纵横墙，然后将过梁、平板、大梁、楼梯、孔洞等在墙面上标出，由纵墙和横墙高度计算皮数，画出水平灰缝线，并保证砌体平面尺寸和高度是块体加灰缝尺寸的倍数，再按砌块错缝搭接的构造要求和竖缝大小进行排列。对砌块进行排列时，注意尽量以主规格砌块为主，辅助规格砌块为辅，减少镶砖。小砌块墙体应对孔错

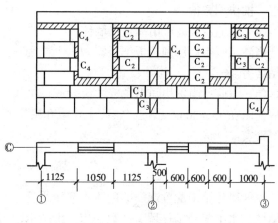

图 4-39　砌块排列图

缝搭砌，搭接长度不应小于 90mm。墙体的个别部位不能满足上述要求时，应在灰缝中设置拉结钢筋或钢筋网片，但竖向通缝仍不得超过两皮小砌块。墙体的水平灰缝厚度和竖向灰缝宽度宜为 10mm，但不应大于 12mm，也不应小于 8mm。砌块中水平灰缝厚度一般为 10～20mm，有配筋的水平灰缝厚度为 20～25mm；竖缝的宽度为 15～20mm，当竖缝宽度大于 30mm 时，应用强度等级不低于 C20 的细石混凝土填实，当竖缝宽度不小于 150mm 或楼层高不是砌块加灰缝的整数倍时，应用黏土砖镶砌。

4.6.2 砌块砌体的施工工艺

1．小砌块砌体

小砌块砌体的砌筑，可简单归纳为六个字：对孔、错缝、反砌。

（1）对孔：即上皮小砌块的孔洞对准下皮小砌块的孔洞，上、下皮小砌块的壁、肋可较好传递竖向荷载，保证砌体的整体性及强度。

（2）错缝：即上、下皮小砌块错开砌筑（搭砌），以增强砌体的整体性，这属于砌筑工艺的基本要求。

（3）反砌：即小砌块生产时的底面朝上砌筑于墙体上，易于铺放砂浆和保证水平灰缝砂浆的饱满度，这也是确定砌体强度指标的试件的基本砌法。

2．大、中型砌块

大、中型砌块施工的主要工序有：铺灰、砌块吊装就位、校正、灌缝和镶砖。

（1）铺灰：砌块墙体所采用的砂浆，应具有良好的和易性，其稠度以 50～70mm 为宜，铺灰应平整饱满，每次铺灰长度一般不超过 5m，炎热天气及严寒季节应适当缩短。

（2）砌块吊装就位：砌块安装通常采用两种方案：一是用轻型塔式起重机进行砌块、砂浆的运输，由台灵架吊装砌块；二是用井架进行材料的垂直运输，所有预制构件及材料的水平运輸则用砌块车运送，台灵架负责砌块的吊装。前者适用于工程量大或两幢房屋对翻流水的情况，后者适用于工程量小的房屋。

砌块的吊装一般按施工段依次进行，其次序为先外后内，先远后近，先下后上，在相邻施工段之间留阶梯形斜槎。吊装时应从转角处或砌块定位处开始，采用摩擦式夹具，按砌块排列图将所需砌块吊装就位。

（3）校正：砌块吊装就位后，用托线板检查砌块的垂直度，拉准线检查水平度，并用撬棍、楔块调整偏差。

（4）灌缝：竖缝可用夹板在墙体内外夹住，然后灌砂浆，用竹片插或铁棒捣，使其密实。当砂浆吸水后用刮缝板把竖缝和水平缝刮齐。灌缝后，不要再撬动砌块，以防损坏砂浆粘结力。

（5）镶砖：当砌块间出现较大竖缝或过梁找平时，应镶砖。镶砖砌体的竖直缝和水平缝应控制在 15～30mm 以内。镶砖工作应在砌块校正后即刻进行，镶砖时应注意使砖的竖缝灌密实。

4.7 配筋砌体的施工工艺

配筋砌体是由配置钢筋的砌体作为建筑物主要受力构件的结构。配筋砌体有网状配筋砌体柱、水平配筋砌体墙、砖砌体和钢筋混凝土面层或钢筋砂浆面层组合砌体柱（墙）、砖砌体和钢筋混凝土构造柱组合墙和配筋砌块砌体剪力墙。

4.7.1 配筋砌体的构造要求

配筋砌体的基本构造与砖砌体相同，不在赘述，下面主要介绍构造的不同点。

1. 砖柱（墙）网状配筋的构造

砖柱（墙）网状配筋，是在砖柱（墙）的水平灰缝中配有钢筋网片。钢筋上、下保护层厚度不应小于 2mm。所用砖的强度等级不低于 MU10，砂浆的强度等级不应低于 M7.5，采用钢筋网片时，宜采用焊接网片，钢筋直径宜采用 3～4mm；采用连弯网片时，钢筋直径不应大于 8mm，且网的钢筋方向应互相垂直，沿砌体高度方向交错设置。钢筋网中的钢筋的间距不应大于 120mm，并不应小于 30mm；钢筋网片竖向间距，不应大于五皮砖，并不应大于 400mm。

2. 组合砖砌体的构造

组合砖砌体是指砖砌体和钢筋混凝土面层或钢筋砂浆面层的组合砌体构件，有组合砖柱、组合砖壁柱和组合砖墙等。

组合砖砌体构件的构造为：面层混凝土强度等级宜采用 C20。面层水泥砂浆强度等级不宜低于 M10，砖强度等级不宜低于 MU10，砌筑砂浆的强度等级不宜低于 M7.5。砂浆面层厚度，宜采用 30～45mm，当面层厚度大于 45mm 时，其面层宜采用混凝土。

3. 砖砌体和钢筋混凝土构造柱组合墙

组合墙砌体宜用强度等级不低于 MU7.5 的普通黏土砖与强度等级不低于 M5 的砂浆砌筑。

构造柱载面尺寸不宜小于 240mm×240mm，其厚度不应小于墙厚。砖砌体与构造柱的连接处应砌成马牙槎。并应沿墙高每隔 500mm 设 2φ6 拉结钢筋，且每边伸入墙内不宜小于 600mm。柱内竖向受力钢筋，一般采用 HPB235 级钢筋，对于中柱，不宜少于 4φ12；对于边柱不宜少于 4φ14，其箍筋一般采用 φ6@200mm，楼层上下 500mm 范围内宜采用 φ6@100mm。构造柱竖向受力钢筋应在基础梁和楼层圈梁中锚固。

组合砖墙的施工程序应先砌墙后浇混凝土构造柱。

4．配筋砌块砌体构造要求

砌块强度等级不应低于 MU10；砌筑砂浆不应低于 Mb7.5；灌孔混凝土不应低于 CD20。配筋砌块砌体柱边长不宜小于 400mm；配筋砌块砌体剪力墙厚度连梁宽度不应小于 190mm。

4.7.2　配筋砌体的施工工艺

配筋砌体弹线、找平、排砖撂底、墙体盘角、选砖、立皮数杆、挂线、留槎等施工工艺与普通砖砌体要求相同，下面主要介绍其不同点。

1．砌砖及放置水平钢筋

砌砖宜采用"三一"砌砖法，即"一铲灰、一块砖、一揉压"，水平灰缝厚度和竖直灰缝宽度一般为 10mm，但不应小于 8mm，也不应大于 12mm。砖墙（柱）的砌筑应达到上下错缝、内外搭砌，灰缝饱满，横平竖直的要求。皮数杆上要标明钢筋网片、箍筋或拉结筋的位置，钢筋安装完毕，并经隐蔽工程验收后方可上层砌砖，同时要保证钢筋上下至少各有 2mm 保护层。

2．砂浆（混凝土）面层施工

组合砖砌体面层施工前，应清除面层底部的杂物，并浇水湿润砖砌体表面。砂浆面层施工从下而上分层施工，一般应两次涂抹，第一次是刮底，使受力钢筋与砖砌体有一定保护层；第二次是抹面，使面层表面平整。混凝土面层施工应支设模板，每次支设高度一般为 50~60cm，并分层浇筑，振捣密实，待混凝土强度达到 30% 以上才能拆除模板。

3．构造柱施工

构造柱竖向受力钢筋，底层锚固在基础梁上，锚固长度不应小于 35d（d 为竖向钢筋直径），并保证位置正确。受力钢筋接长，可采用绑扎接头，搭接长度为 35d，绑扎接头处箍筋间距不应大于 200mm。楼层上下 500mm 范围内箍筋间距宜为 100mm。砖砌体与构造柱连接处应砌成马牙槎，从每层柱脚开始，选退后进，每一马牙槎沿高度方向的尺寸不宜超过 300mm，并沿墙高每隔 500mm 设 2φ6 拉结钢筋，且每边伸入墙内不宜小于 1m。浇筑构造柱混凝土之前，必须将砖墙和模板浇水湿润（若为钢模板，不浇水，需刷隔离剂），并将模板内落地灰、砖碴和其他杂物清理干净。浇筑混凝土可分段施工，每段高度不宜大于 2m，或每个楼层分两次浇灌，应用插入式振动器分层捣实。

复 习 思 考 题

1．简述砌筑用脚手架的作用及基本要求。

2．简述外脚手架的类型、构造各有何特点？适用范围怎样？在搭设和使用时应注意哪些问题？

3．脚手架的支撑体系包括哪些？如何设置？

4. 常用里脚手架有哪些类型？其特点怎样？

5. 脚手架的安全防护措施有哪些内容？

6. 砌筑工程中的垂直运输机械主要有哪些？设置时要满足哪些基本要求？

7. 砌筑用砂浆有哪些种类？适用在什么场合？对砂浆制备和使用有什么要求？砂浆强度检验如何规定？

8. 砖墙砌体主要有哪几种砌筑形式？各有何特点？

9. 简述砖墙砌筑的施工工艺和施工要点。

10. 皮数杆有何作用？如何布置？

单元 5 砌体结构施工方案

知 识 点：本单元主要介绍了砌体结构施工机械的选择方法，基础砌体工程的施工方法，砌体墙工程的施工方法，砌体结构施工的质量、安全保证措施及砌体结构施工方案案例。

教学目标：通过学习，学生能够熟练掌握砌体结构施工机械的选择方法，基础砌体工程的施工方法，砌体墙工程的施工方法，掌握砌体结构施工机械的选择方法，砌体结构施工的质量、安全保证措施，了解砌体结构施工方案案例。

单位工程施工组织设计的编写方法，主要在《建筑施工组织设计》一书中介绍，本单元主要介绍砌体施工的施工方案。其内容主要包括选择砌体施工机械，确定主要施工方法，制定主要技术措施、质量措施、安全措施。

课题 1 砌体结构的主要施工机械的选择

砌体结构施工机械选择是制定施工方案的主要任务之一。

单位工程各个分部分项工程均可采用各种不同施工机械进行施工，而每一种施工机械又有其优缺点。因此，我们必须从先进、经济、合理的角度出发，选择适宜的施工机械，以达到提高工程质量、降低工程成本、提高劳动生产率和加快工程进度的预期效果。

1.1 选择施工机械的影响因素及要求

在单位工程施工中，施工机械的选择主要应根据工程建筑结构特点、工程量大小、工期长短、资源供应条件、现场施工条件、施工单位的技术装备水平和管理水平等因素综合考虑。

1. 符合施工组织总设计的要求

如本工程是整个建设项目中的一个项目，在选择施工机械时应兼顾其他项目的需要，并符合施工组织总设计中的相关要求。

2. 工程建筑结构特点及工程量大小

在单位工程施工中，施工机械的选择应从单位工程施工全局出发，着重考虑影响整个工程施工的主要分部分项工程建筑结构特点及工程量大小来选择施工机械。

3. 应满足工程进度的要求

砌体结构施工选择施工机械时必须考虑工程进度要求。

4. 应符合施工机械化的要求

单位工程施工，原则上应尽可能提高施工机械化的程度。这是建筑施工发展的需要，也是提高工程质量、降低工程成本、提高劳动生产率、加快工程进度的需要。选择施工机械时，还要充分发挥机械设备的效率，减轻繁重的体力劳动。

5. 应符合先进、合理、可行、经济的要求

选择施工方法和施工机械，除要求先进、合理之外，还要考虑对施工单位是可行的、经济的。必要时，要进行分析比较，从施工技术水平和实际情况出发，选择先进、合理、可行、经济的施工方法和施工机械。

1.2 砌体结构施工机械选择

1.2.1 砂浆搅拌机的选择

砂浆搅拌机应根据工程工期要求及工程量的大小选择砂浆搅拌机的类型、型号和数量。如工期要求紧、工程量大的工程应选择生产效率高的搅拌机或多台搅拌机。反之，则可选择生产效率低的搅拌机。常用砂浆搅拌机的主要技术参数见表4-1。

1.2.2 运输设备的选择

砌体结构施工的运输设备主要包括垂直运输设备和水平运输设备。

1. 垂直运输设备的选择

垂直运输设备应根据工程建筑结构特点、工程量大小、工期长短、资源供应条件、现场施工条件、施工单位的技术装备等因素选择垂直运输设备的类型、型号和数量。

单位工程施工中，如建筑工程无重、大吊装构件，且工程量小，工期要求不太紧时，则可选择吊装能力小、生产率低的井架、龙门架作为砌体结构施工的垂直运输设备。如建筑工程高度大，有重、大的吊装构件，且工程量大，工期要求紧时，则可选择吊装能力大，覆盖面和供应面大，生产率高的塔吊作为砌体结构施工的垂直运输设备，使建筑工程的全部作业面处于垂直运输设施的覆盖面和供应面的范围之内，可提高劳动生产率，缩短工期，降低工人的劳动强度。

塔吊较井架、龙门架的运行费用高，在选择时应结合工程实际情况作多个方案进行经济、技术比较。

2. 水平运输设备的选择

水平运输设备应根据运输材料的种类与垂直运输设备配套选择。

如垂直运输设备采用井架、龙门架运输砂浆、砖（或砌块）时，水平运输可选择斗车作为水平运输工具。数量应根据工程量大小及运输距离配置。

如垂直运输设备采用塔吊运输砂浆、砖（或砌块），当塔吊能覆盖全部工作面时，水平运输可分别选择砂浆罐、砖笼由塔吊直接将砂浆、砖（或砌块）运到工作面。当塔吊不能覆盖全部工作面时，水平运输可选择斗车作为水平运输工具，数量应根据工程量大小及运输距离配置。

课题2 砌体结构的施工方法

2.1 基 础 砌 筑 工 程

基础砌筑应在验槽合格并办好验槽资料后进行。

2.1.1 毛石基础的施工

毛石基础施工顺序一般为：挖土方→砌毛石基础→土方回填。

1. 砌筑毛石基础的工艺流程

砌筑毛石基础的工艺流程如图5-1。

2. 毛石基础施工砌筑方法

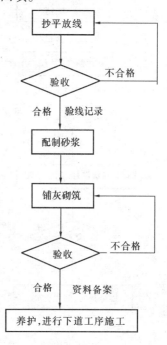

砌筑前，应将基槽表面的浮土和垃圾清除干净，放出基础轴线及边线，其允许偏差应符合规范规定。毛石基础砌筑时，第一皮石块应坐浆，并大面向下；料石基础的第一皮石块应丁砌并坐浆。砌体应分皮卧砌，上下错缝，内外搭砌，不得采用先砌外面石块然后在中间填心的砌筑方法。毛石基础的最上一皮及转角处、交接处和洞口处，应选用较大的平毛石砌筑。有高低台的毛石基础，应从低处砌起，并由高台向低台搭接，搭接长度不小于基础高度。阶梯形毛石基础，上阶的石块应至少压砌下阶石块的1/2，相邻阶梯毛石应相互错缝搭接。毛石基础的转角处和交接处应同时砌筑。如不能同时砌筑又必须留槎时，应砌成斜槎。基础每天可砌高度应不超过1.2m。石砌体的灰缝厚度：毛料石和粗料石砌体不宜大于20mm，细料石砌体不宜大于5mm。石块间较大的孔隙应先填塞砂浆后用碎石嵌实，不得采用先放碎石块后灌浆或干填碎石块的方法。为增加整体性和稳定性，应按规定设置拉结石。

图5-1 砌筑毛石基础施艺流程图

基础毛石一般采用搭脚手架坡道人工抬运；砂浆应采用机械搅拌。

2.1.2 砖基础的施工

砖基础施工顺序为：挖基槽（基坑）土方→浇混凝土垫层→砌砖基础→土方回填。

1. 砌筑砖基础的工艺流程

砌筑砖基础的工艺流程如图5-2。

2. 砖基础施工砌筑方法

砌筑前，应将垫层表面的浮土及垃圾清除干净。基础施工前，应在主要轴线部位设置引桩，用来控制基础、墙身的轴线位置，并按引桩在垫层上放出墙身轴线，而后向两边放出基础大放脚的底边线。在垫层转角、交接及高低踏步处预先立好基础皮数杆。砌筑时，可按皮数杆先在转角及交接处砌几皮砖，然后拉准线砌中间部分。内外墙砖基础应同时砌筑，如不能同时砌筑时应留置斜槎，斜槎水平投影长度不应小于斜槎高度的2/3。基础底标高不同时，应从低处砌起，并由高处向低处搭接。如设计无要求，搭接长度不应小于大放脚的高度。大放脚部分一般采用一顺一丁砌筑形式。水平灰缝及竖向灰缝的宽度应控制在10mm左右，水平灰缝的砂浆饱满度不得小于80%，竖缝要错开。要注意丁字及十字接头处砖块的搭接，在这些交接处，纵横墙要隔皮砌通。大放脚的最下一皮及每层的最上一皮应以丁砌为主。

砖基础材料运输如主体所选用的运输机械已经安装完成，可采用塔吊运输；如运输机械还未安装，则可采用搭架用手推车运输砌筑材料。砌筑砂浆应采用机械搅拌。

基础砌完验收合格后，应及时回填。回填土要在基础两侧同时进行，并分层夯实。

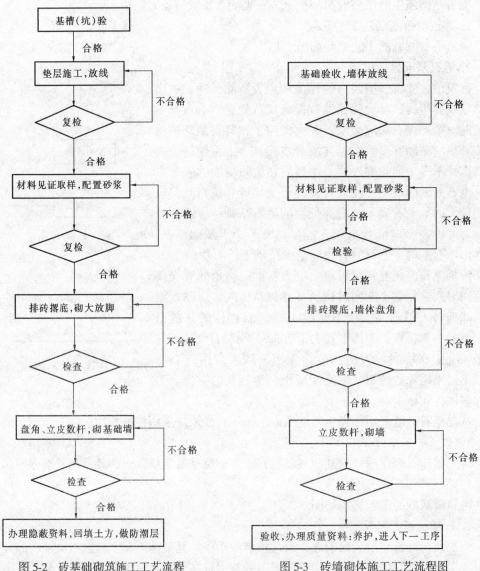

图 5-2　砖基础砌筑施工工艺流程　　　　　图 5-3　砖墙砌体施工工艺流程图

2.2　砌体墙砌筑工程

砌体墙砌筑应在基础完成经检验合格并办好验槽资料后进行。

2.2.1　砖墙砌筑的施工

1. 砖墙砌筑施工的工艺流程

砖墙砌筑施工的工艺流程如图 5-3。

2. 砖墙施工砌筑方法

砖墙砌筑脚手架，砌清水墙时一般采用外脚手架，混水墙采用内脚手架。

砌墙前先在基础防潮层或楼面上定出各层标高，并用水泥砂浆或细石混凝土找平，然后根据龙门板上标志的轴线，弹出墙身轴线、边线及门窗洞口位置。二楼以上墙的轴线可以用经纬仪或垂球将轴线引测上去。摆砖是指在放线的基面上按选定的组砌方式用干砖试摆，在门窗洞口、附墙垛等处尽可能减少砍砖，并使砌体灰缝均匀。一般在房屋外纵墙方向摆顺砖，在山墙方向摆丁砖，摆砖由一个大角摆到另一个大角，砖与砖留 10mm 的灰缝。摆砖检查合格后，即可在房屋的四大角以及纵横墙的交接处立皮数杆，用来控制墙体竖向尺寸及各部位构件的竖向标高，并保证灰缝厚度的均匀性。墙面过长时，皮数杆应每隔 10～15m 立一根。皮数杆应采用水平仪统一竖立，使皮数杆上的标高与建筑物的标高相吻合。皮数杆竖好后，即可进行盘角、挂线。砌墙角时墙角砖层高度必须与皮数杆相符合，做到"三皮一吊，五皮一靠"。墙角必须双向垂直。墙角砌好后，即可挂线砌筑。为保证墙面平整，一般一砖墙可用单面挂线，一砖半墙及一砖半以上墙体则应双面挂线。砌筑操作方法各地不一，为保证砌筑质量，通常采用"三一"砌砖法，即一块砖、一铲灰、一揉压，并随手将挤出的砂浆刮去的砌筑方法。这种砌法的优点是灰缝容易饱满、粘结力好、墙面整洁。

2.2.2 混凝土空心砌块墙的施工

1. 砌筑混凝土空心砌块墙的工艺流程

砌筑混凝土空心砌块墙的工艺流程如图 5-4。

2. 砌块墙施工砌筑方法

砌块墙砌筑脚手架一般采用内脚手架。

小砌块墙施工顺序与砖墙相同。小砌块砌体的砌筑时，上皮小砌块的孔洞与下皮小砌块的孔洞应对齐，上、下皮小砌块的壁、肋可较好传递竖向荷载，保证砌体的整体性及强度。上、下皮小砌块应错缝砌筑，以增强砌体的整体性。为了便于铺放砂浆和保证水平灰缝砂浆的饱满度，小砌块的底面应朝上砌筑。

大中型砌块施工的主要工序为：

铺灰→砌块吊装就位→校正→灌缝和镶砖

铺灰应平整饱满，每次铺灰长度一般不超过 5m，炎热天气及严寒季节应适当缩短。砌块墙体所采用的砂浆，应具有良好的和易性，其稠度以 50～70mm 为宜。

大中型砌块吊装方案有两种：一是用轻型塔式起重机进行砌块、砂浆的运输，由台灵架吊装砌块；二

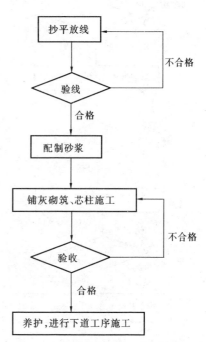

图 5-4 混凝土空心砌块工艺流程图

是以井架进行材料的垂直运输、杠杆车进行楼板吊装，所有预制构件及材料的水平运输则用砌块车，台灵架负责砌块的吊装。前者适用于工程量大或两幢房屋对翻流水的情况，后者适用于工程量小的房屋。砌块的吊装一般按施工段依次进行，其次序为先外后内，先远后近，先下后上，在相邻施工段之间留阶梯形斜槎。吊装时应从转角处或砌块定位处开始，采用摩擦式夹具，按砌块排列图将所需砌块吊装就位。砌块吊装就位后，用托线板检查砌块的垂直度，拉准线检查水平度，并用撬棍、楔块调整偏差。竖缝可用夹板在墙体内外夹住，然后灌砂浆，用竹片插或铁棒捣，使其密实，在砂浆吸水后用刮缝板把竖缝和水平缝刮齐。灌缝后，不要再撬动砌块，以防损坏砂浆粘结力。当砌块间出现较大竖缝或过

梁找平时，应镶砖。镶砖砌体的竖直缝和水平缝应控制在 15～30mm 以内。镶砖工作应在砌块校正后即刻进行，镶砖时应注意使砖的竖缝灌密实。

2.2.3 配筋砖砌体的施工

1. 配筋砖砌体施工工艺流程

配筋砖砌体施工工艺流程如图 5-5。

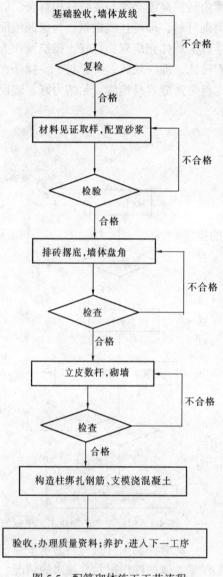

图 5-5 配筋砌体施工工艺流程

2. 配筋砌体施工方法

配筋砖砌体施工工艺中的墙体放线、排砖摆底，墙体盘角、挂线等工艺与砖墙砌筑相同，不同点在砌砖与浇构造柱。

配筋砌体的皮数杆上要标明钢筋网片、箍筋或拉结筋的位置，砌砖宜采用"三一"砌砖法，即"一铲灰、一块砖、一揉压"，水平灰缝厚度和竖直灰缝宽度一般为 10mm，但不应小于 8mm，也不应大于 12mm。砖墙（柱）的砌筑应达到上下错缝、内外搭砌、灰缝饱满、横平竖直的要求。钢筋安装完毕，并经隐蔽工程验收后方可上层砌砖，同时要保证钢筋上下至少各有 2mm 保护层。

配筋砌体外墙转角处应同时砌筑，内外墙交接处不能同时砌筑时，必须留斜槎，槎子长度不应小于墙体高度的 2/3。隔墙与墙或柱不能同时砌筑时，可留阳槎加预埋拉结筋，沿墙高每 500mm 预埋 2ϕ6 钢筋，埋入墙长度，从留槎处算起，每边均不小于 500mm，末端应加 90°弯钩。

配筋砌体构造柱竖向受力钢筋，底层锚固在基础梁上，锚固长度不应小于 35d（d 为竖向钢筋直径），并保证位置正确。受力钢筋接长，可采用绑扎接头，搭接长度为 35d，绑扎接头处箍筋间距不应大于 200mm。楼层上下 500mm 范围内箍筋间距宜为 100。砖砌体与构造柱连接处应砌成马牙槎，从每层柱脚开始，先退后进，每一马牙槎沿高度方向的尺寸不宜超过 300mm，并沿墙高每隔 500mm 设 2ϕ6 拉结钢筋，且每边伸入墙内不宜小于 1m。浇筑构造柱混凝土之前，必须将砖墙和模板浇水湿润（若为钢模板，不浇水，刷隔离剂），并将模板内落地灰、砖碴和其他杂物清理干净。浇筑混凝土可分段施工，每段高度不宜大于 2m，或每个楼层分两次浇灌，应用插入式振动器，分层捣实。

118

课题 3 砌体结构的质量、安全保证措施

3.1 砌体施工的质量保证措施

砌体施工时，应建立健全项目现场质量管理制度，并严格执行；业主或业主委托的质量监督人员经常到现场，或在现场设有常驻代表；施工方在岗专业技术管理人员应齐全，并持证上岗。

3.1.1 进场材料质量的控制措施

1. 砖的品种、强度等级必须符合设计要求，并应规格一致，有出厂合格证及试验单，严格检验手续，对不合格品坚决退场。

混凝土小型空心砌块的强度等级必须符合设计要求及规范规定；砌块的截面尺寸及外观质量应符合国家技术标准要求；砌块应保持完整无破损、无裂缝。

施工时所用的小砌块的产品龄期不应小于 $28d$，承重墙不得使用断裂小砌块。

2. 水泥进场使用前，应分批对其强度、安定性进行复验。检验批应以同一生产厂家、同一编号为一批。当在使用中对水泥质量有怀疑或水泥出厂超过三个月（快硬硅酸盐水泥超过一个月）时，应复查试验，并按其结果使用。不同品种的水泥，不得混合使用。

3. 砂浆用砂不得含有有害物质及草根等杂物。砂的含泥量不应超过表 5-1 的规定，并应通过 5mm 筛孔进行筛选。

砂 的 含 泥 量   表 5-1

砂浆强度等级	水泥砂浆、水泥混合砂浆≥M5	水泥混合砂浆＜M5
含泥量，按重量计不大于（%）	5	10

4. 塑化材料：砌体混合砂浆常用的塑化材料有石灰膏、磨细石灰粉、电石膏和粉煤灰等，石灰膏的熟化时间不少于 $7d$，严禁使用冻结和脱水硬化的石灰膏。

5. 砂浆拌合用水水质必须符合现行国家标准《混凝土拌和用水标准》JGJ 63—89 的要求。

6. 构造柱混凝土中所用石子（碎石、卵石）含泥量不超过 1%；混凝土中选用外加剂应通过试验室试配，外加剂应有出厂合格证及试验报告。钢筋应根据设计要求的品种、强度等级进行采购，钢筋应有出厂合格证和试验报告，进场后应进行见证取样、复检。

7. 预埋木砖及金属件必须进行防腐处理。

3.1.2 施工过程质量控制措施

1. 原材料必须逐车过磅，计量准确，搅拌时间应达到规定的要求，砂浆试块应有专人负责制作与养护。

2. 基础大放脚两侧收退应均匀，砌到基础墙身时，应按所弹轴线和边线拉线砌筑，砌筑时应随时用线锤检查基础墙身的垂直度。

3. 盘角时灰缝应控制均匀，每层砖都应与皮数杆对齐，钉皮数杆的木桩要牢固，防止碰撞松动。皮数杆立完后，应复验，确保皮数杆高度一致。

4. 准线应绷紧拉平。砌筑时应左右照顾，避免接槎处高低不平。一砖半墙及以上墙

体必须双面挂线，一砖墙反手挂线，舌头灰应随砌随刮平，如图5-6所示。

图5-6　拉准线

5. 应随时注意正在砌筑砖的皮数，保证按皮数杆标明的位置埋置埋入件和拉结筋。拉结筋外露部分不得任意弯折，并保证其长度符合设计及规范的要求。

6. 内外墙的砖基础应同时砌筑。如因特殊情况不得同时砌筑时，应留置斜槎，斜槎的长度不应小于斜槎高度的2/3，如图5-7所示。

7. 基础底标高不同时，应先从低处砌起，并由高处向低处搭接，如无设计要求，其搭接长度不应小于基础扩大部分的高度。

8. 砌筑时，高差不宜过大，一般不得超过一步架的高度。

9. 防潮层应在基础全部砌到设计标高，房心回填土完成后进行。防潮层施工时，基础墙顶面应清洗干净，使防潮层与基层粘结牢固，防水砂浆收水后要抹压平整、密实。

10. 构造柱砖墙应砌成大马牙槎，设置好拉结筋（图5-8），砌筑时应从柱脚开始，且柱两侧都应先退后进，当槎深达到120mm时，宜上口一皮进60mm，再上一皮进120mm，以保证混凝土浇筑时上角密实，构造柱内的落地灰、砖渣杂物必须清理干净，防止混凝土内夹渣。

11. 竖向灰缝不得出现透明缝、瞎缝和假缝。

12. 施工临时间断处补砌时，必须将接槎处表面清理干净，浇水湿润，并填实砂浆，保持灰缝平直。

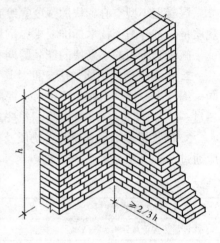

图5-7　砖砌体斜槎砌筑

13. 砌块墙在施工前，必须进行砌块的排列组合设计。排列组合设计时，应尽量采取主规格的砌块，并对孔错缝搭接，搭接长度不应小于90mm。纵横墙交接处、转角处应交错搭砌。

14. 施工中必须做好砂浆的铺设与竖缝砂浆或混凝土的浇灌工作，砌筑应严格按皮数杆准确控制灰缝厚度和每皮砌块的砌筑高度。

15. 空心砌块填充墙砌体的芯柱应随砌随灌混凝土，并振捣密实；无楼板的芯柱应先清理干净，用水冲洗后分层浇筑混凝土，每层厚度400~500mm。芯柱钢筋严格按设计要求及规范规定施工，保证钢筋间距和下料尺寸准确。

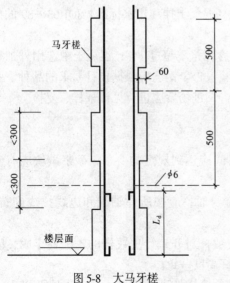

图5-8　大马牙槎

3.2　砌体施工的安全保证措施

1.在操作之前必须检查操作环境是否符合安全要求，道路是否畅通，机具是否完好无损，安全设施和防护用品是否齐全，经检查符合要求后方可施工。

2.基础砌筑前必须仔细检查基坑（槽）是否稳定，如有坍方危险或支撑不牢固，必须采取可靠措施。

3.基础砌筑过程中要随时观察周围土层情况，发现裂缝和其他不正常情况时，应立即离开危险地点，采取必要措施后方能继续施工。

4.基槽外侧 lm 以内严禁堆物，施工人员进入坑内应有踏步或梯子。

5.当采用架空运输道运送材料时，应随时观察基坑内操作人员，以防砖块等失落伤人。

6.基槽深度超过 1.5m 时，运输材料应使用机具或溜槽，运料不得碰撞支撑，基坑上方周边应设高度为 1.2m 的安全防护栏杆。

7.起吊砖笼和砂浆料斗时，砖和砂浆不应过满。吊臂工作范围内不得有人停留。

8.在架子上砍砖时，操作人员应向里把碎砖打在架板上，严禁把砖头打向架外。挂线用的坠砖，应绑扎牢固，以免坠落伤人。

9.脚手架应经安全人员检查合格后方能使用。砌筑时不得随意拆除和改动脚手架，楼层屋盖上的盖板、防护栏杆不得随意挪动拆除。

10.脚手架上的荷载不得超过 $2700N/m^2$，堆砖不得超过 3 层（侧放）。采用砖笼吊砖时，砖在架子或楼板上应均匀分布，不应集中堆放。灰桶、灰斗应放置有序，使架子上保持畅通。

11.采用内脚手架砌墙时，不得站在墙上勾缝或在墙顶上行走。

12.一层楼以上或高度超过 4m 时，采用脚手架砌墙必须按规定挂好安全网，设护身栏杆和挡脚板。

13.进入施工现场的人员应戴好安全帽。

课题4　施工方案案例

单位工程施工组织设计根据工程的性质、规模、结构特点、技术复杂难易程度和施工条件等的差异，其编制内容的深度和广度也不尽相同。主要内容有：工程概况及施工特点分析，施工方案的确定，单位工程施工进度计划表的编制，单位工程施工平面图的绘制，施工准备工作及各项资源需要量计划的编制，主要技术经济指标计算等内容。

单位工程施工组织设计详细做法见《建筑施工组织设计》一书，本案例只介绍砌体结构施工方案及其相关内容。

××学校学生宿舍2号、4号楼施工组织设计（部分内容）

一、工程概况

1.设计概况

本工程是××学校宿舍楼，共2栋。该工程由××设计院设计。

本工程为六层混合结构，耐久年限为50年。主体结构抗震设防类别为丙类，耐火等级为二级，七度抗震设防。建筑结构安全等级为二级，地基基础设计等级为丙级，场地类别Ⅱ类。本工程的屋面防水等级为二级，合理使用15年。2栋宿舍楼在门厅处用连廊连接。建筑面积共计17000m²，建筑最大高度23.4m，室内地坪±0.000相当于绝对标高51.150，室内外高差0.45m;

宿舍楼为砖砌条形基础。主体结构为砖混结构，现浇楼板，层层设置圈梁，现浇楼梯，层高3.3m。2栋楼每层设计有宿舍78间，宿舍进深5.4m，宽3.6m，中间走道宽2.4m。

建筑装饰做法（略）。

2. 工程地质概况

本工程的基础持力层为硬塑黏土层，具有弱膨胀潜势，其胀缩等级为Ⅱ级。基础开挖时必须做到快速作业，尽快用混凝土垫层封闭，基础施工完毕及时组织土方回填，避免基坑积水或过久暴露在大气中（详见地勘报告）。

3. 施工现场情况

工程位于××学校校园内。南面临××高速公路，北面为学校内部临时道路，西面临已建宿舍1号、3号楼，相互之间距离为30.0m，东面距离××人工渠60m。

场内地形较为平坦，场地四周交通和市政设施完善。

施工临时用水和用电由施工单位从建设单位提供的水源和电源引到现场，水源和电源分别位于西、北侧。现场污水向南面排放。

二、项目管理机构及管理目标

（一）项目管理机构

1. 项目管理组织机构

施工组织现场管理机构见图5-9。

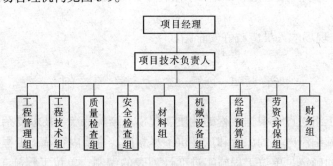

图5-9 项目施工管理组织机构图

2. 管理机构的职责

项目各管理人员必须持证上岗，上岗证和本人所从事的岗位要对应，并接受相应岗位的培训。项目部作好管理人员名册和上岗证登记，并保存上岗证复印件。

项目部按照职责和管理权限建立《质量管理体系、职业健康管理体系、环境管理体系职责分配表》，由项目经理审批，将各要素落实到部门和人头。

（二）管理目标

1. 质量目标

单位工程一次交验合格率 100%。工程保修满意率 100%，满意度 90%。

2．环境目标

施工噪声场界达标，符合 GB 12523—90 标准；施工现场目视无扬尘、道路运输无遗洒；固体废弃物逐步实现资源化、无害化、减量化；对有毒、有害废物进行有效控制和管理，减少对环境的污染；生产、生活污水排放符合地方标准；节能降耗，减少资源浪费。

3．职业健康安全目标

施工中要杜绝重大火灾事故；杜绝死亡事故；杜绝重大机械事故；无重伤，轻伤频率不高于 4‰；杜绝职业病和职业中毒的发生。

4．文明施工目标

严格按照建设部颁布的"一标三规范"有关建筑工程文明施工的各项管理规定执行，施工现场符合"标准化、文明化、绿色环保"施工要求。

5．施工总工期目标

本工程计划于 2 月 20 日开工，8 月 20 日竣工，工期目标 180 天。

6．工程成本造价控制目标

严格按照项目法管理组织施工，采取科学的管理方法、先进的施工技术、经济合理的施工工艺和施工方案，有效的组织、管理、协调，使工程成本和造价得到有效控制。施工中加强与业主、设计、监理以及与工程各相关单位的联系，优化施工组织和安排，使工程各个环节衔接紧密，从设计、材料设备的选型、专业分承包方的选择、现场施工组织、管理、协调与控制等各个方面，提出切实可行的合理化建议和方案，加强"过程"、"程序"和"环节"控制，追求"过程精品"，避免不必要的浪费和返工，尽可能降低工程成本和造价。

三、施工总平面布置

为便于管理，进场后沿业主指定的施工范围修建临时施工围墙，在西面留一个大门作为施工进出口。施工临时围墙为 240mm 砖墙，砌筑高度 2.0m。

1．临时设施的布置

现场将生产区、生活区、办公区分开布置，在东侧南端布置办公用房，西端布置水泥库房、材料库房、混凝土养护室、临时材料堆场等，东南角布置木工房、钢筋加工房及钢筋堆场。

现场临时设施工程量见表 5-2。

现场临时设施工程量表　　　　　　　　　　表 5-2

序　号	临设名称	面积（m²）	序　号	临设名称	面积（m²）
1	门卫室	12	5	钢筋加工房	68
2	材料库房	66	6	木工房	40
3	水泥库房	80	7	办公室	127
4	混凝土护室	16	8	配电房	20

办公室采用活动房，其他临时用房均用 240 砖搭设，基础埋深不小于 1.5m，临时用房层高最低处不小于 2.5m，木门窗，石棉瓦屋顶。地坪素土夯实平整，墙体内外面刷一

遍乳胶漆。

大部分的临时住宿和食堂在附近租用民房布置，现场仅布置一部分住宿。

办公室和临时住宿前的空地布置绿化带以美化环境。

2．施工道路

由于现场是农田土，进出现场的汽车均为载重汽车，为保证载重汽车安全行驶，根据现场总平面安排和临时设施的布置，现场沿拟建建筑物边布置场内施工用汽车道路，并在现场内形成循环道。道路宽4.0m，道路基底夯实平整后回填300mm厚建渣，然后做150mm厚C20混凝土面层。

办公室前人行道路、砂、石堆场及钢筋、模板、周转材料堆放范围内地面必须全部在夯实平整后做150mm厚C20混凝土的硬化处理。

钢筋加工场地、材料堆场和混凝土搅拌站的地坪全部做硬化处理，混凝土搅拌站的地坪均原土夯实平整，做150mm厚C20混凝土地坪。

3．垂直运输机具的布置

由于工期很紧，现场在2号楼和4号楼之间分别布置1台QTZ40塔吊和C4010塔吊（臂长均为40m）作为4号楼和2号楼基础和主体结构垂直水平运输机具。

塔吊独立高度已经超过了建筑物高度，不需要附着。为保证塔吊安全运转，2台塔吊安装高度差不少于3.0m。

4．钢筋加工房的布置

钢筋在现场加工，现场在4号楼和2号楼间布置临时钢筋加工房，钢筋加工房布置在塔吊起吊的范围内，加工成型的钢筋用塔吊输送到绑扎点。钢筋加工房内布置弯曲机2台，电焊机2台，切断机1台，调直机1台。

5．混凝土和砂浆供应

基础、主体结构混凝土采用商品混凝土。现场布置1台泵车输送。另布置2台350L强制式混凝土搅拌机供应砌筑用砂浆、抹灰用砂浆和零星混凝土。混凝土搅拌机旁做2个沉淀池，施工产生的污水必须经过二次沉淀处理后方可排入地下排水道内。

6．施工用水排水的布置

（1）施工用水：生产、消防用水从建设单位指定的水源接出管接出，水源直接利用市政供水管网自来水，现场安1只总水表计量用水量，生产、消防用水合用。

供水干管从甲方指定水源接出，总平面上沿围墙边敷设，各支管从干管上接至各用水点，上楼层的水管沿楼梯间引上楼层，水头留在排水口附近。

（2）施工排水：总平面上混凝土搅拌站旁设沉淀池，施工污水经过沉淀后处理后方可排入下水道内。

现场排水沟与下水道接口处修沉淀池，污水经再一次沉淀后才排入下水道。

7．施工用电的布置

施工用电电源从建设单位指定的地点用电缆线引到现场临时配电房内。电源线用5芯电缆线从现场配电房按三相五线制引出，总平面上引入塔吊、钢筋加工房、办公用房、木工房等处的配电箱内，电线架设随现场周边布置，离地架设（高度不小于4m）或穿钢管埋入地下（埋深不小于0.5m），在通道处必须穿钢管保护埋地通过。

现场供电采用TN-S接零保护系统，即三相五线制，除作零线以外，增加一根保护零线 PE 线，PE 线和配电房中性点接地点连通。

8．施工现场用水、用电计算（略）

四、工期及进度计划

本工程计划于 2 月 20 日开工，8 月 20 日竣工，计划工期为 180 天。

工期进度安排见进度计划表（略）。

五、资源配备计划

由于本工程面积大，工期紧，为保证主体结构在计划时间内完成，因此周转材料按单体工程所需量配备。劳动力每天组织 2 个大班，每天每班实行 8 小时工作制，在材料、人员等方面加大投入。

1．主要周转材料配备计划（略）。

2．劳动力资源计划（略）。

3．主要施工机械配备计划（略）。

六、基础及主体施工方案

（一）施工安排

1．施工顺序

由于工期紧，现场先组织施工 2 栋的 A 区楼，再施工 B 区楼，周转材料和劳动力分别按照单体建筑物二层所需量和建筑物所需总量配置，垂直运输机具和混凝土搅拌机统一安排，以减小相互影响，加快施工速度。

门厅和连廊在装饰后期再进行施工。

（1）施工区划分

基础和主体施工时，将 2 号楼和 4 号楼划分为 2 个施工区，并组织流水施工。

（2）施工段划分

将每一施工区按结构分成三个施工段（见图 5-10），组织平行施工。

1）砌筑工程。

砌筑工程随主体结构同步进行，以便结构验收后插入装饰和安装工程。

2）装饰装修工程。

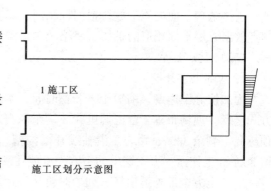

施工区划分示意图

图 5-10　施工段划分

为尽早插入装饰装修工程的施工，结构分成三层以下和三层以上共两次验收，每次结构验收合格后及时插入装饰装修工程的施工。

内装饰工程按照从上至下，先天棚再墙面，后地坪的顺序进行。内装饰先做样板间，大面积按样板进行施工。

外墙装饰施工要做好与土建施工的配合。

3）安装工程。

（a）安装施工单位进场后积极作好施工前期的准备工作，配合建设单位、设计单位做好设备、材料的选型和定货。

（b）土建结构施工过程中按照设计图做好各种管道、管线的预留、预埋工作。

（c）主体结构验收合格后及时插入安装工作。

（d）在施工过程中积极协调和解决与装饰及各专业之间的交叉施工中的矛盾，为施工的顺利进行创造良好的条件。

（e）组织安装工程各系统联动调试。

2. 主要施工机具安排

（1）为加快施工速度，缩短土方开挖时间，基础土方均采用机械大开挖，现场布置2台挖掘机和自卸汽车，基坑剩余的土方由人工开挖。

（2）混凝土采用商品混凝土。

（3）垂直运输机具的布置：现场布置1台QTZ40塔吊和1台C4010塔吊（臂长为40m，60kN·m）作为基础和主体结构垂直运输机具。

主体结构施工到三层时现场在各栋宿舍楼分别布置1台门架作为装饰材料垂直运输机具。

3. 施工抄平放线

独立柱基土方开挖完毕，现场必须拉通线校核其基坑长度、宽度，基坑底标高经经纬仪和水平仪校核无误才可进行下道工序的施工，并把轴线和标高引测到基坑内，在基坑内设置轴线、基础边线及高程标志。

基础模板拼装完后必须根据设计图校核其几何尺寸，在模板周边放出基础面标高，并在竖向钢筋上用红油漆标示，将墙柱轴线和边线延长后引至基础边线外标示，以方便施工复核。

基础施工完后将轴线引测至柱基面上，并按设计图放出有关的墙柱等界面尺寸。

主体结构平面的施工放线根据控制网点的主轴线精确引测到各层楼板面上，再根据控制点放出各层平面相应的轴线、墙梁及洞口的平面位置。

（二）土方工程

1. 基础土方开挖

为加快施工速度，缩短土方开挖时间，本工程土方采用机械开挖和人工开挖相结合的方式进行。现场布置1台挖掘机和3辆东风自卸汽车。2栋A、B区土方先大开挖到垫层顶标高，剩余300mm由人工沿轴线开挖沟槽，修边捡底，基坑底按条基外边缘两边各预留300mm工作面。人工挖出的土方先堆放在基坑边指定位置，再集中用汽车外运出场。

所有土方全部外运出场，回填时再从外运回。

2. 基坑排水

本工程地基为微膨胀土，施工时正好在雨期，为了避免地表水和雨水流入基坑内形成积水而影响基础，现场在基坑四大角挖0.5m×0.5m×0.5m积水坑，若坑内有积水，立即用泵抽出，现场布置4台ϕ100污水泵，直到土方回填完毕。

3. 基坑验槽

该场地基础土层为微膨胀土，基坑分段开挖，分段验收，验收合格后立即浇混凝土垫层封闭，严禁基坑长时间暴露在大气中。基础开挖到设计标高后请设计、地勘、建设、质检、监理等有关部门共同验槽。基槽开挖到设计标高而未到达设计持力层，或遇到软弱地基，应会同设计、勘测、施工、质检、建设、监理等部门共同研究处理意见，并做好隐蔽验收记录。

基槽验收合格后立即浇混凝土封闭，严禁长时间在空气中暴露。

4．土方回填

土方回填在柱基和砖基础验收合格后进行。土方回填严格按照《土方与爆破工程施工及验收规范》（GBJ 201—83）执行。回填土采用原土加8%生石灰。回填土内不得含有有机杂质和其他杂物，腐殖土，含草根、树皮、垃圾的杂土，未经破碎的石块和泥块等均不得使用。

条形基础回填和夯实土方必须在砖墙体两侧同时进行，以免造成墙体位移。回填采用机夯和人夯相结合，转角和机夯不易达到处采用人工夯实。土方分层填铺找平，分层夯实，采用人工夯实时，每层虚铺土不大于200mm，夯实至150mm。机夯时每层铺300mm，夯实3～4遍。砖基础回填土严禁采用"水夯法"。

（三）砖砌条形基础

1．基础垫层：弹线前应清扫垫层，砌筑前进行湿润。

2．设龙门板：砖基础砌筑前应设置龙门板，龙门板上应标明基础、墙（柱）的轴线和标高，其轴线和标高由测量确定。

3．弹线：基础砌筑前应根据龙门板上的轴线标记，弹出基础砌体扩大部分的中线和边线，收分退台时应根据中线分边线。退台至基础墙边时，以龙门板为依据校核中线，弹出基础墙的中线和边线。弹线尺寸的允许偏差应符合规范要求。

4．找平：局部凸起处应修平。局部低洼小于2cm者，应使用较砌体高一级强度等级的砂浆找平，大于2cm者，应使用C10及其以上的细石混凝土找平。基础施工时应使用皮数杆和水平尺经常校正各层砌筑面的水平度。

5．砖基础施工前，根据砖的平均厚度和水泥砂浆的允许厚度制作基础皮数杆，其上应标明：基础砌体扩大部分的皮数和退台位置、基础的底标高和顶标高，基础顶面防潮层以及±0.000的位置等。并将皮数杆牢固设置在内外墙基础转角处、交接处和高低台阶处等适当位置，间距控制在10～15m。

6．排砖：砖基础砌筑前，沿长度方向，试排砖的皮数和竖向灰缝的宽度（标准为10mm，允许8～12mm），以确定排砖方法和错缝位置。

7．盘角：基础砌筑前应根据皮数杆的规定和基础砌体扩大部分的收退台尺寸，分别在墙角及交接处盘角作为基础砌砖的标准。

8．挂线：砖基础双面挂线砌筑，挂线后要检查线的中部有无下垂现象，若拉线超过15m或遇大风天气，在适当位置用丁砖挑出支平。

9．留槎：砖基础的转角处同时砌筑，不得留槎。

10．预埋管道：砖基础预埋管道时，在管道处要留置适当的沉降余量，以防止建筑物沉降时压坏管道。

11．防潮层的施工：抹防潮层前先将砖基础顶面上的泥土、砂浆等清扫干净，充分浇水湿润，待表面略见风干后即抹砂浆防潮层。操作时在基础墙体两边贴尺，砂浆表面用木抹子揉平。待开始收干时即抹2～3遍。防潮层抹面砂浆终凝后浇水养护，养护期不少于3d。防潮层必须一次抹完，不留施工缝。如必须留施工缝时则留在门洞口处。

12．按照设计要求，构造柱的钢筋要伸入垫层内，为保证钢筋的稳固，按照规范要求在垫层上预留插筋，上部采用搭接。

（四）主体结构主要施工方法及措施

1. 工艺流程

弹线→找平→立皮数杆→排砖→盘角→挂线→砌筑

2. 原材料要求

(1) 砖的强度、规格、尺寸、容重等必须符合设计要求，并规格一致，有出厂合格证和试验报告。现场严格进行验收，抽样试验，满足设计要求，方可使用。

(2) 严禁干砖上墙，砌筑前 1~2d 应将砖浇水润湿，使砌筑时砖的含水率达到 10%~15%。

(3) 砂浆的品种、强度等级必须符合设计要求，砂浆的稠度应符合规范要求。

3. 施工方法

(1) 弹线。砌筑前校核基础墙上的轴线，并弹出墙的中线和边线。砌墙时必须分别弹出门洞、窗洞和墙面其他孔洞的空口边线，正确掌握施工。弹线后应校核墙和门窗洞口等边线，使上下各层吻合一致，其误差应控制在允许范围内。

(2) 找平。墙砌筑前按设计标高，用砂浆或细石混凝土将墙基面找平。墙体在第一步架砌筑完之前在高出设计楼（地）面 50cm 的墙面上弹出水平线，以控制墙体细部（包括门窗洞口、过梁、预留孔、预埋件等）的标高。在板底标高下 10cm 的墙面上，弹出水平线，以控制楼板支模前的墙面找平。

(3) 立皮数杆。砌筑前应先制作皮数杆，皮数杆上标明砖和水平灰缝的厚度及门窗、过梁、楼板等竖向位置。皮数杆立于墙角，内外墙交接处、楼梯间及墙面变化较多的部位，间距不大于 12m。立杆时要用水平仪抄平，使皮数杆接地面标高线位于设计标高位置上。

(4) 排砖。砌筑前应先根据砖墙的轴线标高进行核对，先进行试摆砖，排出灰缝宽度，注意门窗位置的影响，同时考虑窗间墙的组砌方法，务使各皮砖的竖缝错开。经试排合格后方可拉通线砌筑，作为向上施工的标准。

(5) 挂线。砌砖时，240mm 厚墙拉双面准线，砌块依准线砌筑。操作过程中要经常检查平线、腰砖线、立线和斜线等，遇有偏差，及时纠正。

(6) 砖墙的水平灰缝厚度和竖向灰缝厚度一般为 10mm，但不少于 8mm，也不大于 12mm，水平灰缝的砂浆饱满度应不低于 80%。

(7) 砖砌体的转角处和交接处必须同时砌筑，对不能同时砌筑必须留置的临时间断处应留成斜槎。斜槎的水平距离不应小于高度的 2/3，并拉线砌筑。接槎砌筑前要清除槎内松散的砂浆碎块和尘土等杂物，并浇水润湿。砌筑时砂浆要饱满，砖块要平直。要求接槎紧密、牢固、整洁。卫生间紧接楼地面的墙脚，应浇筑高度不小于 120mm 的细石混凝土。

(8) 留洞埋件。设计要求在墙上预留的洞口、预埋的管道线路、设备和铁件等，在砌筑前先做出标记，以便砌筑时正确预留或埋设。预埋的木砖和铁件应事先作好防腐处理，固定门窗框的木砖与铁件要埋设牢固。

(9) 宽度小于 1m 的间墙，应选用整砖砌筑。门窗洞口两侧 18cm 和转角 43cm 范围内，梁下部及左右各 50cm 的范围内，不留置脚手架眼。墙中的洞口、管道、沟槽和埋件等，应于砌筑时正确留出或预埋，过人洞及宽度超过 30cm 的洞口，上面应设过梁。砖墙每天砌筑高度不超过 1.8m。

(10) 砖墙的砌筑应达到上下错缝、内外搭砌，灰缝饱满，横平竖直。

（11）构造柱施工。构造柱的部位，应先砌砖墙，后浇构造柱。墙与构造柱应严格按规定设置水平拉结筋，马牙槎沿高度方向的尺寸按 4 皮砖进退。先退后进，收槎 6cm。纵横墙的槎口，应上下错位，从槎口挤出的余浆应及时刮尽，墙下留设清渣孔，基础构造柱不留马牙槎。

4. 脚手架工程

本工程为六层，建筑物高度在 23m 左右，主体施工外围护架和装饰外脚手架均采用双排落地钢管脚手架，内砌筑脚手架采用木高凳或用钢管焊成定型架。

双排落地脚手架采用钢管和扣件搭设，立杆横向间距 1.5m，纵向间距 2.0m，里立杆距离楼板边 0.5m，操作层小横杆间距 1.0m，大横杆步距：底步架为 1.4m，其余为 1.8m；平楼层的每步架均设通长扶手钢管和挡脚板；连墙杆：水平方向上每 2 个纵距，竖向上每 3 个步距与建筑物的柱或墙体刚性连接牢固；扫地杆：纵、横向都设置，距地面 200mm，纵向通长设置，横向扫地杆设置在纵向扫地杆的下侧；剪刀撑：剪刀撑设置在脚手架立杆外侧，并与立杆绑扣牢，剪刀撑与地面的夹角为 45°，纵向剪刀撑连续设置，最下面的剪刀撑杆与立杆的连接点离地面距离为 200mm，剪刀撑应连续设置不得中断；脚手板：脚手板采用 50mm 厚木架板，脚手板在架上满铺，且与小横杆固定；安全网：在二层楼面搭设一道固定的水平安全网，操作层搭设一道水平安全网，架子外侧满挂密目安全网和彩条布全封闭。

（五）屋面、建筑装饰工程施工方案（略）

（六）装饰工程施工方案（略）

七、质量管理措施

（一）建立健全工程质量管理制度

为了保证工程质量，在项目管理现场建立质量管理机构，建立如下的工程质量管理制度：

1. 工程项目质量负责制

施工单位对工程的分部分项工程质量向业主负责。

2. 技术交底制度

坚持以技术进步来保证工程质量的原则，编制有针对性的施工方案，对特殊工序要依特殊过程或关键工序做为质量控制点，做好施工前的技术方案编制与各级技术交底及交底记录。

3. 材料进场检验制度

本工程的水泥、钢筋等原材料按照国家规定及规范具有相应出厂质量合格证，现场按规定要求分批量进行抽检，不合格材料一律不予使用。

4. 过程三检制度

实行并坚持自检、交接检和专职检制度，自检要做文字记录，预检及隐蔽工程检查做好齐全的隐预检文字记录。

5. 质量否决制度

对不合格的分项、分部工程必须返工至合格，执行质量否决权制度，对不合格工序流入下一道工序造成的损失应追究相关者责任。

施工质量动态管理流程图见图 5-11。

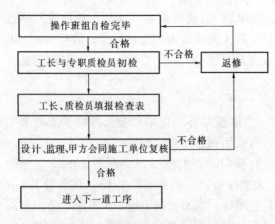

图 5-11 施工质量动态管理流程图

6.质量奖惩管理制度

工程施工的全过程中，将施工质量的好坏与责任者的经济利益挂钩，实行质量奖惩，以激励职工提高质量意识，努力提高施工质量水平。

7.成品保护制度

管理者合理安排工序，上、下工序之间做好交接工作和相应记录，下道工序对上道工序的工作应避免破坏和污染，按照质量计划要求，做好成品保护工作。

8.工程质量等级评定、核定制度

各工序及最终工程质量，均需进行评定和质量等级核定，分部工程由项目部核定，单位工程和主要工程由业主、监理按照备案制要求进行核定，未经核定或不合格者不得交工。

9.挂牌操作制度

管理人员分片包干，对工人和班组明确责任划分区域，实行操作挂牌制度，谁出问题谁负责，加强每一位施工人员的质量意识。

10.培训上岗制度

工程项目所有管理人员及操作人员应经过业务知识技能考评培训。对于特殊工种必须持证上岗。

11.文字报告制度

对业主和监理提出的整改意见，定期整改并将整改结果以书面形式予以答复，与业主及监理建立良好的合作关系，并且对自身发生的质量问题引起足够的重视。

（二）砌筑工程质量控制措施

1.砂浆的配合比，应结合现场的材料情况进行试配，在满足砂浆和易性的条件下控制砂浆强度。施工时，不得随意增加石灰膏、微沫剂等掺量的方法来改善砂浆和易性。

2.不宜选用强度等级过高的水泥和砂子拌制砂浆，严格执行砂浆配合比，保证搅拌时间。灰槽中的砂浆，使用时应经常用铲翻拌、清底，应将灰槽内边角处砂浆刮净，与新砂浆混在一起用。

3.拌制砂浆应加强计划性，每日拌制量应根据所砌筑的部位决定。尽量做到随拌随用，少量储存，使灰槽中经常有新拌制的砂浆。

4.采用"三一砌砖法"，即：一块砖，一铲灰，一揉挤的砌筑方法。

5.砌墙前先测定所砌部位基面标高误差，通过调整灰缝厚度，调整墙体标高。

6.砖墙体与框架梁底最上一层砖应砌斜砖使梁底嵌固。

为保证砌筑不出现墙体裂缝，整体性差，墙面开裂、起壳，墙面渗水等现象采取如下措施：

（1）砂浆的原材料必须符合质量要求，做好砂浆配合比设计，砂浆稠度以 50～70mm 为好，同时具有良好的和易性和保水性。一般应随拌随用，水泥砂浆应在熟拌后 3h 内用完，不得隔夜使用。

（2）混凝土砌块在砌筑前预先计算砌筑皮数。砌筑时，拉通线，做到横平竖直，对应整齐、错缝搭砌。砂浆饱满度必须达到 85％ 以上。砌块应底面朝上砌筑。外墙转角处和纵横墙交接处的砌块应分皮咬槎，交错搭砌，上下皮砌块相互错缝搭砌。接砌长度不小于砌块长度的 1/3。

（3）在砌筑前，要根据砌块表面情况，用竹扫帚、钢丝刷清理或水冲洗等措施，清除表面浮灰等物。

（4）砌块经就位、校正、灌垂直缝后，应随即进行水平缝和垂直缝原浆勾缝，勒缝深度一般为 3～5mm。

（5）抹灰前，对砌块墙面的污斑、油、尘土等污物，用钢丝刷、竹扫帚或其他工具清理墙壁面。在抹灰前 1～2d 视天气情况，适当浇水润湿墙面。

（6）抹灰前检查墙面的平整度，把凸出墙面较大处铲平，修补脚手眼和其他孔洞，并镶嵌密实，凹进墙面较大处，砌块缺损部位或深度过大的缝隙，提前用水泥砂浆分层修补平整，以免局部抹灰过厚，造成干缩裂缝或局部起壳。

（三）装饰工程质量控制措施（略）

八、安全管理措施（略）

九、文明施工及环境管理措施（略）

复习思考题

1. 选择施工机械要考虑哪些因素？
2. 对砖基础接槎有何要求？
3. 如何控制砌体进场材料的质量？
4. 控制砌体施工过程的质量措施有哪些？
5. 砖墙砌筑时，一天最大高度是多少？
6. 构造柱与墙连接有哪些要求？
7. 砌体施工的安全措施有哪些？
8. 配筋砌体施工有哪些规定？

单元 6 砌体结构质量标准及检验

知 识 点：砌体施工质量的基本规定，砖砌体的质量标准及检验，配筋砌体的质量标准及检验，石砌体的质量标准及检验，混凝土小型空心砌块砌体工程，填充墙砌体工程。

教学目标：掌握砌体施工的质量标准及检验方法。

（注：正文中黑体字为规范的强制性条文。）

建筑工程的砖、石、混凝土小型空心砌块、蒸压加气混凝土砌块等砌体的施工质量控制和验收应严格按照《砌体工程施工质量验收规范》（GB 50203—2002）的要求执行。

由于砌体的施工主要依靠人工操作，所以，砌体结构的质量也在很大程度上取决于人的因素。施工过程对砌体结构质量的影响直接表现在砌体的强度上。在验收规范中，施工水平按质量监督人员、砂浆强度试验及搅拌、砌筑工人技术熟练程度等情况将砌体施工质量控制等级分为三级（见表6-1）。

砌体施工质量控制等级　　　　　　　　　　　　　　　　　　　表 6-1

项目	施 工 质 量 控 制 等 级		
	A	B	C
现场质量管理	制度健全，并严格执行；非施工方质量监督人员经常到现场，或现场设有常驻代表；施工方有在岗专业技术管理人员，人员齐全，并持证上岗	制度基本健全，并能执行；非施工方质量监督人员间断地到现场进行质量控制；施工方有在岗专业技术管理人员，并持证上岗	有制度；非施工方质量监督人员很少作现场质量控制；施工方有在岗专业技术管理人员
砂浆强度	试块按规定制作，强度满足验收规定，离散性小	试块按规定制作，强度满足验收规定，离散性较小	试块强度满足验收规定，离散性大
砂浆拌合方式	机械拌合；配合比计量控制严格	机械拌合；配合比计量控制一般	机械或人工拌合；配合比计量控制较差
砌筑工人	中级工以上，其中高级工不少于20%	高、中级工不少于70%	初级工以上

课题 1 砖砌体的质量标准及检验方法

1.1 砌体施工质量的基本规定

砌体施工质量的质量控制，主要从砌筑材料和施工工艺两方面提出了要求。

1.1.1 砌筑材料的要求及检验

（1）对砌筑材料的要求

在砌体工程施工时，应用合格的材料才可能砌筑出符合质量要求的工程。使用的材料必须具有材料的产品合格证书和产品性能检测报告。对砌体质量有显著影响的块材、水泥、钢筋、外加剂等主要材料在进入施工现场后应进行主要性能的复检，合格后方可使用。严禁使用国家明令淘汰的材料。

砌筑砂浆所用水泥进场使用前，应分批对其强度、安定性进行复验。检验批应以同一生产厂家、同一编号为一批。当在使用中对水泥质量有怀疑或水泥出厂超过三个月（快硬硅酸盐水泥超过一个月）时，应复查试验，并按其结果使用。不同品种的水泥不得混合使用。不同品种的水泥由于成分不一，混合使用后往往会发生材性变化或强度降低而引起工程质量问题。

砂浆用砂不得含有有害杂物。砂浆用砂的含泥量应满足要求：水泥砂浆和强度等级不小于 M5 的水泥混合砂浆，不应超过 5%；强度等级小于 M5 的水泥混合砂浆，不应超过 10%。因砂中含泥量过大，不但会增加砌筑砂浆的水泥用量，还可能使砂浆的收缩值增大、耐久性降低，影响砌体质量。对于水泥砂浆，砂中含泥量过大，事实上已成为水泥黏土砂浆，但又与一般使用黏土膏配制的水泥黏土砂浆在其性质上有一定差异，难以满足某些条件下的使用要求。M5 以上的水泥混合砂浆，如砂子含泥量过大，有可能导致塑化剂掺量过多，造成砂浆强度降低。

配制水泥石灰砂浆时，不得采用脱水硬化的石灰膏，脱水硬化的石灰膏和消石灰粉不能起塑化作用又影响砂浆强度。消石灰粉需充分熟化后方能使用于砌筑砂浆中。

拌制砂浆用水，水质应符合国家现行标准《混凝土拌和用水标准》JGJ 63—89 的规定。当水中含有有害物质时，将会影响水泥的正常凝结，并可能对钢筋产生锈蚀作用。可饮用水均能满足要求。

砌筑砂浆应通过试配确定配合比，其组分材料配合比应采用重量计量。当砌筑砂浆的组成材料有变更时，其配合比应重新确定。施工中当采用水泥砂浆代替水泥混合砂浆时，应重新确定砂浆强度等级。凡在砂浆中掺入有机塑化剂、早强剂、缓凝剂、防冻剂等，应经检验和试配符合要求后，方可使用。有机塑化剂应有砌体强度的形式检验报告，并根据其形式检验报告结果确定砌体强度。例如，对微沫剂替代石灰膏制作水泥混合砂浆，砌体抗压强度较同强度等级的混合砂浆砌筑的砌体的抗压强度降低 10%；而砌体的抗剪强度无不良影响。

为了降低劳动强度和克服人工拌制砂浆不易搅拌均匀的缺点，砌筑砂浆应采用机械搅拌；砂浆的搅拌时间自投料完算起应符合规定：水泥砂浆和水泥混合砂浆不得少于 2min；水泥粉煤灰砂浆和掺用外加剂的砂浆不得少于 3min；掺用有机塑化剂的砂浆，应为 3～5min。砂浆应随拌随用，水泥砂浆和水泥混合砂浆应分别在 3h 和 4h 内使用完毕；当施工期间最高气温超过 30℃时，应分别在拌成后 2h 和 3h 内使用完毕。

（2）砌筑材料的检验

同一验收批砌筑砂浆试块抗压强度平均值必须大于或等于设计强度等所对应的立方体抗压强度；同一验收批砂浆试块抗压强度的最小一组平均值必须大于或等于设计强度等级所对应的立方体抗压强度的 0.75 倍。砌筑砂浆的验收批，同一类型、强度等级的砂浆试块应不少于3组。当同一验收批只有一组试块时，该组试块抗压强度的平均值必须大于或等于设计强度等级所对应的立方体抗压强度。

抽检数量：每一检验批且不超过250m³砌体的各种类型及强度等级的砌筑砂浆，每台搅拌机应至少抽检一次。

检验方法：在砂浆搅拌机出料口随机取样制作砂浆试块（同盘砂浆只应制作一组试块），最后检查试块强度试验报告单。

当施工中或验收时出现砂浆试块缺乏代表性或试块数量不足，或对砂浆试块的试验结果有怀疑或有争议，或砂浆试块的试验结果不能满足设计要求时，可采用现场检验方法对砂浆和砌体强度进行原位检测或取样检测，并判定其强度。

1.1.2 施工工艺的基本要求

（1）基础砌筑

基础高低台的合理搭接，对保证基础砌体的整体性至关重要。从受力角度考虑，基础扩大部分的高度与荷载、地耐力等有关。对有高低台的基础，应从低处砌起，在设计无要求时，高低台的搭接长度不应小于基础扩大部分的高度。

（2）墙体砌筑

为了保证墙体的整体性，提高砌体结构的抗震能力，砌体的转角处和交接处应同时砌筑，如不能同时砌筑，应留斜槎（图6-1）；砌体的交接处如不能同时砌筑，可留直槎。均应做好接槎处理（图6-2）。

图6-1 转角处留斜槎

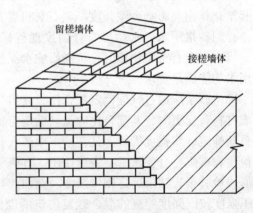

图6-2 斜槎的接槎

在墙上留置临时施工洞口，其侧边离交接处墙面不应小于500mm，洞口净宽度不应超过1m。抗震设防烈度为9度的地区建筑物的临时施工洞口位置，应会同设计单位确定。临时施工洞口应做好补砌。

脚手眼不仅破坏了砌体结构的整体性，而且还影响建筑物的使用功能，施工脚手眼补砌时，灰缝应填满砂浆，不得用干砖填塞。

尚未施工楼板或屋面的墙或柱，当可能遇到大风时，其允许自由高度不得超过表6-2的规定。如超过表中限值时，必须采用临时支撑等有效措施。

墙（柱）厚 (mm)	砌体密度 > 1600（kg/m³）			砌体密度 1300 ~ 1600（kg/m³）		
	风载（kN/m²）			风载（kN/m²）		
	0.3（约7级风）	0.4（约8级风）	0.5（约9级风）	0.3（约7级风）	0.4（约8级风）	0.5（约9级风）
190	—	—	—	1.4	1.1	0.7
240	2.8	2.1	1.4	2.2	1.7	1.1
370	5.2	3.9	2.6	4.2	3.2	2.1
490	8.6	6.5	4.3	7.0	5.2	3.5
620	14.0	10.5	7.0	11.4	8.6	5.7

注：1. 本表适用于施工处相对标高（H）在 10m 范围内的情况。如 10m < H ≤ 15m 时，表中的允许自由高度应分别乘以 0.9、0.8 的系数；如 H > 20 时，应通过抗倾覆验算确定其允许自由高度；

2. 砌筑的墙有横墙或其他结构与其连接，而且间距小于表列限值的 2 倍时，砌筑高度可不受本表的限制。

1.2 砖砌体的质量标准及检验

用于清水墙、柱表面的砖，应采用边角整齐、色泽均匀的块材。地面以下或防潮层以下的砌体，常处于潮湿的环境中，在冻胀力作用下，对多孔砖砌体的耐久性影响较大，在有受冻环境和条件的地区不宜在地面以下或防潮层以下采用多孔砖。砖砌体在砌筑时，砖应提前 1 ~ 2d 浇水湿润，以提高砖与砂浆之间的粘结力，提高砌体的抗剪强度，也可以使砂浆强度保持正常增长，提高砌体的抗压强度。砌砖工程当采用铺浆法砌筑时，铺浆长度不得超过 750mm；施工期间气温超过 30℃时，铺浆长度不得超过 500mm。240mm 厚承重墙的每层墙的最上一皮砖，砖砌体的阶台水平面上及挑出层，应整砖丁砌。

砖砌平拱过梁的灰缝应砌成楔形缝。灰缝的宽高，在过梁的底面不应小于 5mm；在过梁的顶面不应大于 15mm。拱脚下面应伸入墙内不小于 20mm，拱底应有 20mm 的起拱。钢筋砖过梁底部的模板，应在灰缝砂浆强度不低于设计强度的 50% 时，方可拆除。

砖砌体的质量检验分主控项目和一般项目进行，检验内容、抽检数量和方法如下。

1.2.1 主控项目

（1）砖和砂浆的强度等级必须符合设计要求。

抽检数量：每一生产厂家的砖到现场后，按烧结砖 15 万块、多孔砖 5 万块、灰砂砖及粉煤灰砖 10 万块各为一验收批，抽检数量为 1 组。砂浆试块的抽检数量为：每一检验批且不超过 250m³ 砌体的各种类型及强度等级的砌筑砂浆，每台搅拌机应至少抽检一次。

检验方法：查砖和砂浆试块试验报告。

（2）砌体水平灰缝的砂浆饱满度不得小于 80%。

抽检数量：每检验批抽查不应少于 5 处。

检验方法：用百格网检查砖底面与砂浆的粘结痕迹面积。每处检测 3 块砖，取其平均值。

（3）砖砌体的转角处和交接处应同时砌筑，严禁无可靠措施的内外墙分砌施工。对不能同时砌筑而又必须留置的临时间断处应砌成斜槎，斜槎水平投影长度不应小于高度的 2/3。

抽检数量：每检验批抽 20% 接槎，且不应少于 5 处。

检验方法：观察检查。

（4）非抗震设防及抗震设防烈度为 6 度、7 度地区的临时间断处，当不能留斜槎时，除转角处外，可留直槎，但直槎必须做成凸槎。留直槎处应加设拉结钢筋，拉结钢筋的数量为每 120mm 墙厚放置 1φ6 拉结钢筋（120mm 厚墙放置 2φ6 拉结钢筋），间距沿墙高不应超过 500mm；埋入长度从留槎处算起每边均不应小于 500mm，对抗震设防烈度 6 度、7 度的地区，不应小于 1000mm；末端应有 90°弯钩。

抽检数量：每检验批抽 20%接槎，且不应少于 5 处。

检验方法：观察和尺量检查。

合格标准：留槎正确，拉结钢筋设置数量、直径正确，竖向间距偏差不超过 100mm，留置长度基本符合规定。

（5）砖砌体的位置及垂直度允许偏差应符合表 6-3 的规定。

砖砌体的位置及垂直度允许偏差　　　　　　表 6-3

项次	项 目			允许偏差（mm）	检 验 方 法
1	轴线位置偏移			10	用经纬仪和尺检查或用其他测量仪器检查
2	垂直度	每 层		5	用 2m 托线板检查
		全高	≤10mm	10	用经纬仪、吊线和尺检查，或用其他测量仪器检查
			>10m	20	

抽检数量：轴线查全部承重墙柱；外墙垂直度全高查阳角，不应少于 4 处，每层每 20m 查一处；内墙按有代表性的自然间抽 10%，但不应少于 3 间，每间不应少于 2 处，柱不少于 5 根。

1.2.2 一般项目

（1）砖砌体组砌方法应正确，上、下错缝，内外搭砌，砖柱不得采用包心砌法。

抽检数量：外墙每 20m 抽查一处，每处 3～5m，且不应少于 3 处；内墙按有代表性的自然间抽 10%，且不应少于 3 间。

检验方法：观察检查。

合格标准：除符合本条要求外，清水墙、窗间墙无通缝；混水墙中长度大于或等于 300mm 的通缝每间不超过 3 处，且不得位于同一面墙体上。

（2）砖砌体的灰缝应横平竖直，厚薄均匀。水平灰缝厚度宜为 10mm，但不应小于 8mm，也不应大于 12mm。

抽检数量：每步脚手架施工的砌体，每 20m 抽查 1 处。

检验方法：用尺量 10 皮砖砌体高度折算。

（3）砖砌体的一般尺寸允许偏差应符合表 6-4 的规定。

砖砌体一般尺寸允许偏差　　　　　　表 6-4

项次	项 目		允许偏差（mm）	检 验 方 法	抽 检 数 量
1	基础顶面和楼面标高		±15	用水平仪和尺检查	不应少于 5 处
2	表 面 平整度	清水墙、柱	5	用 2m 靠尺和楔形塞尺检查	有代表性自然间 10%，但不应少于 3 间，每间不应少于 2 处
		混水墙、柱	8		

项次	项 目		允许偏差（mm）	检验方法	抽检数量
3	门窗洞口高、宽（后塞口）		±5	用尺检查	检验批洞口的10%，且不应少于5处
4	外墙上下窗口偏移		20	以底层窗口为准，用经纬仪或吊线检查	检验批的10%，且不应少于5处
5	水平灰缝平直度	清水墙	7	拉10m线和尺检查	有代表性自然间10%，但不应少于3间，每间不应少于2处
		混水墙	10		
6	清水墙游丁走缝		20	吊线和尺检查，以每层第一皮砖为准	有代表性自然间10%，但不应少于3间，每间不应少于2处

1.3 配筋砌体的质量标准及检验

配筋砖砌体的质量标准除满足砖砌体的质量标准的规定和要求外，配筋砌体构造柱浇灌混凝土前，必须将砌体留槎部位和模板浇水湿润，将模板内的落地灰、砖渣和其他杂物清理干净，并在结合面处注入适量与构造柱混凝土相同的去石水泥砂浆。振捣时，应避免触碰墙体，严禁通过墙体传震。配筋砌体水平灰缝中钢筋的锚固长度不宜小于 $50d$（d 为钢筋直径），且其水平或垂直弯折段的长度不宜小于 $20d$ 和150mm；钢筋的搭接长度不应小于 $55d$。配筋砌块砌体剪力墙，应采用专用的小砌块砌筑砂浆和专用的小砌块灌孔混凝土。

砖砌体的质量检验分主控项目和一般项目进行，检验内容、抽检数量和方法如下：

1.3.1 主控项目

(1) 钢筋的品种、规格和数量应符合设计要求。

检验方法：检查钢筋的合格证书、钢筋性能试验报告、隐蔽工程记录。

(2) 构造柱、芯柱、组合砌体构件、配筋砌体剪力墙构件的混凝土或砂浆的强度等级应符合设计要求。

抽检数量：各类构件每一检验批砌体至少应做一组试块。

检验方法：检查混凝土或砂浆试块试验报告。

(3) 构造柱与墙体的连接处应砌成马牙槎，马牙槎应先退后进，预留的拉结钢筋应位置正确（图6-3），施工中不得任意弯折。

抽检数量：每检验批抽20%构造柱，且不少于3处。

检验方法：观察检查。

合格标准：钢筋竖向移位不应超过100mm，每一马牙槎沿高度方向尺寸不应超过300mm。钢筋竖向位移和马牙槎尺寸偏差每一构造柱不应超过2处。

(4) 构造柱位置及垂直度的允许偏差应符合表6-5的规定。

抽检数量：每检验批抽10%，且不应少于5处。

(5) 对配筋混凝土小型空心砌块砌体，芯柱混凝土应在装配式楼盖处贯通，不得削弱芯柱截面尺寸。

	构造柱尺寸允许偏差			表 6-5

项次	项 目		允许偏差 (mm)	抽 检 方 法
1	柱中心线位置		10	用经纬仪和尺检查或用其他测量仪器检查
2	柱层间错位		8	用经纬仪和尺检查或用其他测量仪器检查
3	柱垂直度	每 层	10	用2m托线板检查
		全高 ≤10m	15	用经纬仪、吊线和尺检查，或用其他测量仪器检查
		>10m	20	

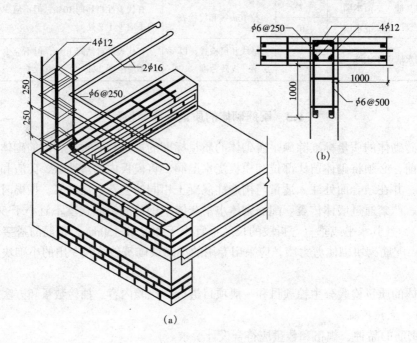

图 6-3　构造柱与墙体的连接

(a) 外墙转角处；(b) 内外墙交接处

抽检数量：每检验批抽 10%，且不应少于 5 处。

检验方法：观察检查。

1.3.2　一般项目

（1）设置在砌体水平灰缝内的钢筋，应居中置于灰缝中。水平灰缝厚度应大于钢筋直径 4mm 以上。砌体外露面砂浆保护层的厚度不应小于 15mm。

抽检数量：每检验批抽检 3 个构件，每个构件检查 3 处。

检验方法：观察检查，辅以钢尺检测。

（2）设置在潮湿环境或有化学侵蚀性介质的环境中的砌体灰缝内的钢筋应采取防腐措施。

抽检数量：每检验批抽检 10% 的钢筋。

检验方法：观察检查。

合格标准：防腐涂料无漏刷（喷浸），无起皮脱落现象。

（3）网状配筋砌体中，钢筋网及放置间距应符合设计规定。

抽检数量：每检验批抽 10%，且不应少于 5 处。

检验方法：钢筋规格检查钢筋网成品，钢筋网放置间距局部剔缝观察，或用探针刺入灰缝内检查，或用钢筋位置测定仪测定。

合格标准：钢筋网沿砌体高度位置超过设计规定一皮砖厚不得多于 1 处。

（4）组合砖砌体构件，竖向受力钢筋保护层应符合设计要求，距砖砌体表面距离不应小于 5mm；拉结筋两端应设弯钩，拉结筋及箍筋的位置应正确。

抽检数量：每检验批抽检 10%，且不应少于 5 处。

检验方法：支模前观察与尺量检查。

合格标准：钢筋保护层符合设计要求；拉结筋位置及弯钩设置 80% 及以上符合要求，箍筋间距超过规定者，每件不得多于 2 处，且每处不得超过一皮砖。

（5）配筋砌块砌体剪力墙中，采用搭接接头的受力钢筋搭接长度不应小于 35d，且不应少于 300mm。

抽检数量：每检验批每类构件抽 20%（墙、柱、连梁），且不应少于 3 件。

检验方法：尺量检查。

1.4　石砌体的质量标准及检验

石砌体采用的石材应满足砌体强度和耐久性的要求，质地坚实，无风化剥落和裂纹。用于清水墙、柱表面的石材，色泽应均匀，以保证砌体的美观。为了保证石材与砂浆的粘结质量，石材表面的泥垢、水锈等杂质，砌筑前应清除干净。

砂浆初凝后，如移动已砌筑的石块，将破坏砂浆的内部及砂浆与石块的粘结面的粘结力，降低砌体强度及整体性，应将移动石块的原砂浆清理干净，重新铺浆砌筑。石砌体的灰缝厚度：毛料石和粗料石砌体不宜大于 20mm；细料石砌体不宜大于 5mm。为使毛石基础和料石基础与地基或基础垫层粘结紧密，保证传力均匀和石块平稳，砌筑毛石基础的第一皮石块应座浆，并将大面向下；砌筑料石基础的第一皮石块应用丁砌层座浆砌筑。毛石砌体的第一皮及转角处、交接处和洞口处，应用较大的平毛石砌筑。每个楼层（包括基础）砌体的最上一皮，宜选用较大的毛石砌筑。

砌筑毛石挡土墙时，为了能及时发现并纠正砌筑中的偏差，以保证工程质量，每砌 3~4 皮为一个分层高度，每个分层高度应找平一次；外露面的灰缝厚度不得大于 40mm，两个分层高度间分层处的错缝不得小于 80mm。料石挡土墙，当中间部分用毛石砌时，丁砌料石伸入毛石部分的长度不应小于 200mm。挡土墙的泄水孔当设计无规定时，在每米高度上间隔 2m 设置一个泄水孔，泄水孔应均匀设置；泄水孔与土体间铺设长宽各为 300mm、厚 200mm 的卵石或碎石作疏水层。挡土墙内侧回填土必须分层夯填，分层松土厚度应为 300mm。墙顶土面应有适当坡度使流水流向挡土墙外侧面。

1.4.1　主控项目

（1）石材及砂浆强度等级必须符合设计要求。

抽检数量：同一产地的石材至少应抽检一组。砂浆试块的抽检数量为：每一检验批且不超过 250m³ 砌体的各种类型及强度等级的砌筑砂浆，每台搅拌机应至少抽检一次。

检验方法：料石检查产品质量证明书，石材、砂浆检查试块试验报告。

（2）砂浆饱满度不应小于 80%。

抽检数量：每步架抽查不应少于1处。

检验方法：观察检查。

（3）石砌体的轴线位置及垂直度允许偏差应符合表6-6的规定。

石砌体的轴线位置及垂直度允许偏差 表6-6

项次	项目		允许偏差（mm）							检验方法
			毛石砌体		料石砌体					
			基础	墙	毛料石		粗料石		细料石	
					基础	墙	基础	墙	墙、柱	
1	轴线位置		20	15	20	15	15	10	10	用经纬仪和尺检查，或用其他测量仪器检查
2	墙面垂直度	每层		20		20		10	7	用经纬仪、吊线和尺检查或用其他测量仪器检查
		全高		30		30		25	20	

抽检数量：外墙，按楼层（或4m高以内）每20m抽查1处，每处3延长米，但不应少于3处；内墙，按有代表性的自然间抽查10%，但不应少于3间，每间不应少于2处，柱子不应少于5根。

1.4.2 一般项目

（1）石砌体的一般尺寸允许偏差应符合表6-7的规定。

抽检数量：外墙，按楼层（4m高以内）每20m抽查1处，每处3延长米，但不应少于3处；内墙，按有代表性的自然间抽查10%，但不应少于3间，每间不应少于2处，柱子不应少于5根。

石砌体的一般尺寸允许偏差 表6-7

项次	项目		允许偏差（mm）							检验方法
			毛石砌体		料石砌体					
			基础	墙	基础	墙	基础	墙	墙、柱	
1	基础和墙砌体顶面标高		±25	±15	±25	±15	±15	±15	±10	用水准仪和尺检查
2	砌体厚度		+30	+20 -10	+30	+20 -10	+15	+10 -5	+10 -5	用尺检查
3	表面平整度	清水墙、柱		20		20		10	5	细料石用2m靠尺和楔形塞尺检查，其他用两直尺垂直于灰缝拉2m线和尺检查
		混水墙、柱		20		20		15		
4	清水墙水平灰缝平直度							10	5	拉10m线和尺检查

（2）石砌体的组砌形式应符合下列规定：

1）内外搭砌，上下错缝，拉结石、丁砌石交错设置；

2）毛石墙拉结石每0.7m² 墙面不应少于1块。

检查数量：外墙，按楼层（或4m高以内）每20m抽查1处，每处3延长米，但不应少于3处；内墙，按有代表性的自然间抽查10%，但不应少于3间。

检验方法：观察检查。

课题 2 砌块砌体的质量标准及检验方法

2.1 混凝土小型空心砌块砌体工程

为有效控制砌体收缩裂缝和保证砌体强度，施工时所用的小砌块的产品龄期不应小于28d。砌筑小砌块时，应清除表面污物和芯柱用小砌块孔洞底部的毛边，剔除外观质量不合格的小砌块。砌筑所用的砂浆，宜选用专用的小砌块砌筑砂浆。底层室内地面以下或防潮层以下的砌体，为了提高砌体的耐久性，预防或延缓冻害，减轻地下水中有害物质对砌体的侵蚀，应采用强度等级不低于 C20 的混凝土灌实小砌块的孔洞。小砌块砌筑时，在天气干燥炎热的情况下，可提前洒水湿润小砌块；对轻骨料混凝土小砌块，可提前浇水湿润。小砌块表面有浮水时，不得施工。承重墙体严禁使用断裂小砌块；小砌块墙体应对孔错缝搭砌，搭接长度不应小于 90mm。墙体的个别部位不能满足上述要求时，应在灰缝中设置拉结钢筋或钢筋网片，但竖向通缝仍不得超过两皮小砌块。小砌块应底面朝上反砌于墙上。

浇灌芯柱的混凝土，宜选用专用的小砌块灌孔混凝土，当采用普通混凝土时，其坍落度不应小于 90mm。浇灌芯柱混凝土，应清除孔洞内的砂浆等杂物，并用水冲洗；为了避免振捣混凝土芯柱时的震动力和施工过程中难以避免的冲撞对墙体的整体性带来不利影响，应待砌体砂浆强度大于 1MPa 时，方可浇灌芯柱混凝土；在浇灌芯柱混凝土前应先注入适量与芯柱混凝土相同的去石水泥砂浆，再浇灌混凝土。

2.1.1 主控项目

（1）小砌块和砂浆的强度等级必须符合设计要求。

抽检数量：每一生产厂家，每 1 万块小砌块至少应抽检一组。用于多层以上建筑基础和底层的小砌块抽检数量不应少于 2 组。砂浆试块的抽检数量为：每一检验批且不超过 250m³ 砌体的各种类型及强度等级的砌筑砂浆，每台搅拌机应至少抽检一次。

检验方法：查小砌块和砂浆试块试验报告。

（2）砌体水平灰缝的砂浆饱满度，应按净面积计算不得低于 90%；竖向灰缝饱满度不得小于 80%，竖缝凹槽部位应用砌筑砂浆填实；不得出现瞎缝、透明缝。

抽检数量：每检验批不应少于 3 处。

检验方法：用专用百格网检测小砌块与砂浆粘结痕迹，每处检测 1 块小砌块，取其平均值。

（3）墙体转角处和纵横墙交接处应同时砌筑。临时间断处应砌成斜槎，斜槎水平投影长度不应小于高度的 2/3。

抽检数量：每检验批抽 20% 接槎，且不应少于 5 处。

检验方法：观察检查。

（4）砌体的轴线偏移和垂直度偏差应符合表 6-3 的规定。

2.1.2 一般项目

（1）墙体的水平灰缝厚度和竖向灰缝宽度宜为 10mm，但不应大于 12mm，也不应小于

8mm。

抽检数量：每层楼的检测点不应少于 3 处。

抽检方法：用尺量 5 皮小砌块的高度和 2m 砌体长度折算。

(2) 小砌块墙体的一般尺寸允许偏差应符合表 6-4 中 1～5 项的规定。

2.2 填充墙砌体工程

房屋建筑采用空心砖、蒸压加气混凝土砌块、轻骨料混凝土小型空心砖块等砌筑填充墙时，为了有效控制砌体收缩裂缝和保证砌体强度，蒸压加气混凝土砌块、轻骨料混凝土小型空心砌块砌筑时，其产品龄期应超过 28d。空心砖、蒸压加气混凝土砌块、轻骨料混凝土小型空心砌块等的运输、装卸过程中，严禁抛掷和倾倒。进场后应按品种、规格分别堆放整齐，堆置高度不宜超过 2m。加气混凝土砌块应防止雨淋。

填充墙砌体砌筑前块材应提前 2d 浇水湿润。蒸压加气混凝土砌块砌筑时，应向砌筑面适量浇水。用轻骨料混凝土小型空心砌块或蒸压加气混凝土砌块砌筑墙体时，墙底部应砌烧结普通砖或多孔砖，或普通混凝土小型空心砌块，或现浇混凝土坎台等，其高度不宜小于 200mm。

2.2.1 主控项目

砖、砌块和砌筑砂浆的强度等级应符合设计要求。

检验方法：检查砖或砌块的产品合格证书、产品性能检测报告和砂浆试块试验报告。

2.2.2 一般项目

(1) 填充墙砌体一般尺寸的允许偏差应符合表 6-8 的规定。

抽检数量：

1) 对表中 1、2 项，在检验批的标准间中随机抽查 10%，但不应少于 3 间；大面积房间和楼道按两个轴线或每 10 延长米按一标准间计数。每间检验不应少于 3 处。

2) 对表中 3、4 项，在检验批中抽检 10%，且不应少于 5 处。

填充墙砌体一般尺寸允许偏差 表 6-8

项次	项 目		允许偏差（mm）	检 验 方 法
1	轴线位移		10	用尺检查
	垂直度	≤3m	5	用 2m 托线板或吊线、尺检查
		>3m	10	
2	表面平整度		8	用 2m 靠尺和楔形塞尺检查
3	门窗洞口高、宽（后塞口）		±5	用尺检查
4	外墙上、下窗口偏移		20	用经纬仪或吊线检查

(2) 蒸压加气混凝土砌块砌体和轻骨料混凝土小型空心砌块砌体不应与其他块材混砌。

抽检数量：在检验批中抽检 20%，且不应少于 5 处。

检验方法：外观检查。

(3) 填充墙砌体的砂浆饱满度及检验方法应符合表 6-9 的规定。

抽检数量：每步架子不少于 3 处，且每处不应少于 3 块。

填充墙砌体的砂浆饱满度及检验方法 表 6-9

砌体分类	灰缝	饱满度及要求	检验方法
空心砖砌体	水平	≥80%	采用百格网检查块材底面砂浆的粘结痕迹面积
	垂直	填满砂浆,不得有透明缝、瞎缝、假缝	
加气混凝土砌块和轻骨料混凝土小砌块砌体	水平	≥80%	
	垂直	≥80%	

（4）填充墙砌体留置的拉结钢筋或网片的位置应与块体皮数相符合。拉结钢筋或网片应置于灰缝中，埋置长度应符合设计要求，竖向位置偏差不应超过一皮高度。

抽检数量：在检验批中抽检 20%，且不应少于 5 处。

检验方法：观察和用尺量检查。

（5）填充墙砌筑时应错缝搭砌，蒸压加气混凝土砌块搭砌长度不应小于砌块长度的 1/3；轻骨料混凝土小型空心砌块搭砌长度不应小于 90mm；竖向通缝不应大于 2 皮。

抽检数量：在检验批的标准间中抽查 10%，且不应少于 3 间。

检查方法：观察和用尺检查。

（6）填充墙砌体的灰缝厚度和宽度应正确。空心砖、轻骨料混凝土小型空心砌块的砌体灰缝应为 8～12mm。蒸压加气混凝土砌块砌体的水平灰缝厚度及竖向灰缝宽度分别宜为 15mm 和 20mm。

抽检数量：在检验批的标准间中抽查 10%，且不应少于 3 间。

检查方法：用尺量 5 皮空心砖或小砌块的高度和 2m 砌体长度折算。

（7）填充墙砌至接近梁、板底时，应留一定空隙，待填充墙砌筑完并应至少间隔 7d 后，再将其补砌挤紧。

抽检数量：每验收批抽 10%填充墙片（每两柱间的填充墙为一墙片），且不应少于 3 片墙。

检验方法：观察检查。

复习思考题

1. 砌体施工质量控制等级是如何划分的？

2. 砌筑砂浆对组成材料有何要求？

3. 对砂浆强度检验抽检数量和检验方法有何规定？

4. 墙体砌筑留槎有何规定？如何检查？

5. 配筋砌体对钢筋有何要求？

6. 对挡土墙泄水孔留设有何规定？

7. 砖砌体墙表面平整度允许偏差为多少？如何检查？抽检数量为多少？

8. 砖砌体墙水平灰缝平直度允许偏差为多少？如何检查？抽检数量为多少？

9. 配筋砌体中构造柱尺寸允许偏差为多少？如何检查？

10. 填充墙尺寸允许偏差为多少？如何检查？

11. 石砌体尺寸允许偏差为多少？如何检查？

单元 7　砌体结构施工的安全技术

知 识 点：重点介绍砌体结构施工中脚手架的安全技术及防护措施和砌体砌筑施工的安全技术及防护措施。

教学目标：掌握脚手架及砌体砌筑施工的安全技术及防护措施。

砌体结构施工时，组建项目部的同时应建立以项目经理为责任人，项目技术负责人、安检员、各专业施工工长和班组长为成员的项目安全管理机构，做到组织落实、管理制度落实、措施落实、责任落实。

在工程施工过程中项目应严格执行三级安全交底和教育制度，企业安全职能部门向项目经理、项目技术负责人、安检员进行安全技术交底，项目经理、项目技术负责人、安检员向施工工长、班组长进行安全技术交底，施工工长、班组长向施工班组成员进行安全技术交底。

砌体结构施工中，应重点做好以下施工过程及部位的安全防护。

课题 1　脚手架的安全技术及防护措施

在房屋建筑施工过程中因脚手架出现事故的概率相当高，所以在脚手架的设计、架设、使用和拆卸中均需十分重视安全防护问题。

1. 脚手架的搭设必须严格按照《建筑施工扣件式钢管脚手架安全技术规范》（JGJ 130—2001，J84—2001）、《建筑施工安全检查标准》（JGJ 59—99）的规定执行，验收合格后方可使用。

2. 搭设脚手架的材料应有合格证，各部件的焊接质量必须检验合格并符合要求。脚手架上的铺板必须严密平整，防滑，固定可靠，孔洞应设盖板封严。

3. 钢管脚手架应用外径 48 ~ 51mm，壁厚 3 ~ 3.5mm，无严重锈蚀、弯曲、压扁或裂纹的钢管。钢管脚手架的杆件连接必须使用合格的钢扣件，不得使用钢丝和其他材料绑扎。

4. 木脚手架应用小头有效直径不得小于 80mm，无腐朽、折裂、枯节的杉木杆，杉木杆脚手架的杆件绑扎应使用 8 号钢丝，搭设高度在 6m 以下的杉木杆脚手架可使用直径不小于 10mm 的专用绑扎绳；脚手杆件不得钢木混搭。

5. 脚手架的搭设必须由专业架工操作，脚手架架工应持证上岗，凡患有高血压、心脏病或其他不适应上架操作和疾病未愈者，严禁上架作业。

6. 脚手架必须按楼层与结构拉接牢固，拉结点垂直距离不得超过 4m，水平距离不得超过 6m。拉结所用的材料强度不得低于双股 8 号钢丝的强度。高大架子不得使用柔性材料进行拉结。

7. 脚手架的操作面必须满铺脚手板，高出墙面不得大于 200mm，不得有空隙和探头板。操作面外侧应设两道护身栏杆和一道挡脚板或设一道护身栏杆，防护高度应为1m。

8. 当外墙砌筑高度超过4m或立体交叉作业时，除在作业面正确铺设脚手板和安装防护栏杆和挡脚板外，还必须在脚手架外侧设置安全网。架设安全网时，其伸出宽度应不小于2m，外口要高于内口，搭接应牢固，每隔一定距离应用拉绳将斜杆与地面锚桩拉牢。

当用里脚手架施工外墙或多层、高层建筑用外脚手架时，均需设置安全网。安全网应随楼层施工进度逐步上升，高层建筑除这一道逐步上升的安全网外，尚应在下面间隔3～4层的部位设置一道安全网。施工过程中要经常对安全网进行检查和维修，每块支好的安全网应能承受不小于1.6kN的冲击荷载。

9. 脚手架必须保证整体结构不变形，凡高度在20m以上的脚手架，纵向必须设置剪刀撑，其宽度不得超过7根立杆，与水平面夹角应为45°～60°。高度在20m以下的，必须设置正反斜支撑。

10. 特殊脚手架和高度在20m以上的高大脚手架，必须有设计方案。

11. 结构用的里、外承重脚手架，使用荷载不得超过2700N/m²。装修用的里、外脚手架使用荷载不得超过2000N/m²。

12. 钢脚手架不得搭设在距离35kV以上的高压线路4.5m以内的地区和距离1～10kV高压线路3m以内的地区。钢脚手架在架设和使用期间，要严防与带电体接触，需要穿过或靠近380V以内的电力线路，距离在2m以内时，则应断电或拆除电源，如不能拆除，应采取可靠的绝缘措施。

13. 搭设在旷野、山坡上的钢脚手架，如在雷击区域或雷雨季节时，应设避雷装置，接地电阻不大于10Ω。

14. 各种脚手架在投入使用前，必须由施工负责人组织有支搭和使用脚手架的负责人及安全人员共同进行检查，履行交接验收手续。特殊脚手架，在支搭、拆装前，要由技术部门编制安全施工方案，并报上一级技术领导审批后，方可施工。

15. 未经施工负责人同意，不得随意拆改脚手架，暂未使用而又不需拆除时，亦应保持其完好性，并应清除架上的材料、杂物。在搭、拆脚手架过程中若杆件尚未绑稳扣牢或绑扣已拆开、松动时，严禁中途停止作业。

16. 在高空搭（拆）脚手架时上架操作人员必须拴安全带、戴好安全帽，各种工具和材料应装包或妥善放置，严防下落伤人。

17. 在六级以上大风、大雾、暴雨、雷击天气或夜间照明不足时严禁在架上操作。

18. 在脚手架上操作时严禁人员聚集一处，严禁在脚手架上打闹、跑跳。

19. 酒后、穿硬底鞋或拖鞋以及敞袖口、裤口等衣着不整者，不得上架操作。

20. 坚持三检制度，架子使用中必须坚持自检、互检、交换检和班前检查制度，并落实到人头。若发现有松动、变形处，必须先加固，后使用。大风、大雨、下雪或停工后在使用前，必须进行全面检查。

课题2 砌筑工程的安全技术及防护措施

在砌筑操作前，必须检查施工现场各项准备工作是否符合安全要求，如道路是否畅通，机具是否完好牢固，安全设施和防护用品是否齐全，经检查符合要求后才可施工。

2.1 砌体施工的施工人员安全防护及要求

1. 进场的施工人员，必须经过安全培训教育，考核合格，持证上岗。

2. 现场悬挂安全标语，无关人员不准进场，进场人员要遵守"十不准规定"。施工人员必须正确佩戴安全帽，管理人员、安全员要佩戴标志，危险处要设警戒标语及措施。进入 2m 以上架体或施工层作业必须佩挂安全带。

3. 施工人员高空作业禁止打赤脚、穿拖鞋、硬底鞋和打赤膊施工。

4. 施工人员工作前不许饮酒，进入施工现场不准嬉笑打闹。

5. 施工人员不得随意拆除现场一切安全防护设施，如机械护壳、安全网、安全围栏、外架拉接点、警示信号等，如因工作需要必须经项目负责人同意方可进行。

2.2 基础施工的安全技术及防护措施

1. 砌基础时，应检查和注意基坑土质的变化情况。堆放砖石材料应离开坑边 1m 以上。

2. 砌墙高度超过地坪 1.2m 以上时，应搭设脚手架。架上堆放材料不得超过规定荷载值，堆砖高度不得超过三皮侧砖，同一块脚手板上的操作人员不应超过二人。

3. 人工抬运钢筋钢管等材料时要相互配合，上下传递时不得在同一垂直线上。

2.3 墙体砌筑施工的安全技术及防护措施

1. 不准站在墙顶上做划线、刮缝及清扫墙面或检查大角垂直等工作。不准用不稳固的工具或物体在脚手板上垫高操作。

2. 砍砖时应面向墙面，工作完毕应将脚手板和砖墙上的碎砖、灰浆清扫干净，防止掉落伤人。

3. 正在砌筑的墙上不准走人。山墙砌完后，应立即安装檩条或临时支撑，防止倒塌。

4. 雨天或每日下班时，应做好防雨准备，以防雨水冲走砂浆，致使砌体倒塌。

5. 冬期施工时，脚手板上如有冰霜、积雪，应先清除后才能上架子进行操作。

6. 砌石墙时不准在墙顶或架上修石材，以免振动墙体影响质量或石片掉下伤人。不准徒手移动上墙的石块，以免压破或擦伤手指。

7. 不准勉强在超过胸部的墙上进行砌筑，以免将墙体碰撞倒塌或上石时失手掉下造成安全事故。石块不得往下掷。运石上下时，脚手板要钉装牢固，并钉防滑条及扶手栏杆。

8. 对有部分破裂和脱落危险的砌块，严禁起吊；起吊砌块时，严禁将砌块停留在操作人员上空或在空中整修；砌块吊装时，不得在下一层楼面上进行其他任何工作；卸下砌块时应避免冲击，砌块堆放应尽量靠近楼板两端，不得超过楼板的承重能力；砌块吊装就位时，应待砌块放稳后，方可松开夹具。

9. 砖墙主体砌筑时，应做好洞口、临边的防护。

（1）对 1.5m×1.5m 以下的孔洞应预埋通长钢筋网或加固定盖板。1.5m×1.5m 以上的孔洞，四周必须设两道护身栏杆，中间支挂水平安全网。

（2）电梯井口必须设高度不低于 1.2m 的金属防护门。电梯井内首层和首层以上每隔四层设一道水平安全网，安全网应封闭严密，做法见图7-1。

（3）楼梯踏步及休息平台处必须设两道牢固防护栏杆或用立挂安全网做防护，做法见图7-2。回转式楼梯间应支设首层水平安全网。

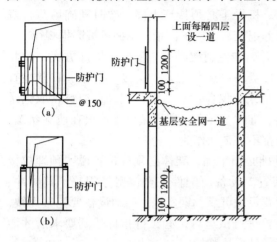

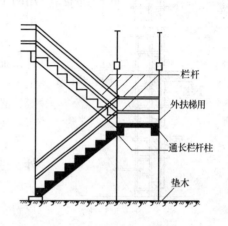

图7-1　电梯井口的安全防护
（a）首层；（b）楼层

图7-2　楼梯间的安全防护

（4）阳台栏板应随层安装，不能随层安装的，必须设两道防护栏杆或立挂安全网封闭，做法见图7-3。

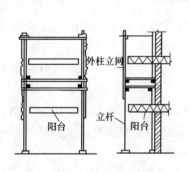

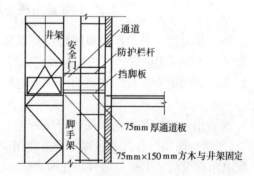

图7-3　阳台边的防护

图7-4　井架与建筑物通道侧边防护

（5）建筑物楼层临边四周，无维护结构时，必须设两道防护栏杆，或立挂安全网加一道防护栏杆。柱子边防护、井架与建筑物通道侧边防护做法见图7-4，外脚手架防护做法见图7-5。

（6）建筑物的出入口应搭设长3～6m，宽于出入通道两侧各1m的防护棚，棚顶应铺满不小于5cm厚的脚手板，非出入口和通道两侧必须封严。临近施工区域，对人或物构成威胁的地方，必须支搭防护棚，确保人、物的安全。

2.4　砌体施工机械设备的安全防护

1. 所有机械操作人员必须持证上岗，坚持上下班，班前班后检查机械设备，并经常进行维修保养。

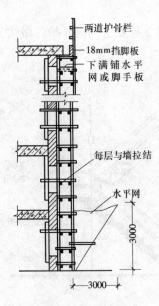

图 7-5 外脚手架防护

（图中标注）
两道护骨栏
18mm挡脚板
下满铺水平网或脚手板
每层与墙拉结
水平网
3000
3000

2. 工程设置专职机械管理员，对机械设备坚持三定制度，定期维护保养。安全装置齐全有效，杜绝安全事故的发生。一经发现机械故障，及时更换零配件，保持机械使用的正常运转。机操工必须持证上岗，按时准确填写台班记录、维修保养记录、交接班记录，掌握机械磨损规律。

3. 塔吊、井架和龙门架必须有安装、拆卸方案，验收合格证书。软件资料（运行记录、交接班记录、日常检查记录、月检查记录、保养记录、维修记录、油料领取记录等）必须真实、准时、齐全，把机械事故消灭在萌芽状态。所有机械设备都不许带病作业。

4. 塔吊基础必须牢固，架体必须按设备说明预埋拉接件，设防雷装置。设备应配件齐全，型号相符，其防冲、防坠联锁装置要灵敏可靠，钢丝绳、制动设备要完整无缺，设备安装完后要进行试运行，必须待指标达到要求后才能进行验收签证，挂合格牌使用。

5. 钢筋加工机械、移动式机械，除机械本身护罩完好、电机无病外，还要求机械有接零和重复接地装置，接地电阻值不大于 10Ω。

6. 施工现场各种机械要挂安全技术操作规程牌，操作人员持证上岗。

2.5 砌体施工现场用电的安全防护

1. 施工临时用电必须严格遵照建设环保部门颁发的《施工现场临时用电安全技术规范》和《现场临时用电管理办法》的规定执行。

2. 现场各用电安装及维修必须由专业电气人员操作，非专业人员不得擅自从事有关操作。

3. 现场用电应按各用电器实行分级配电，各种电气设备必须实行"一机、一闸、一漏电"，严禁一闸供两台及两台以上设备使用。漏电开关必须定期检查，试验其动作可靠性。配电箱应设门、上锁、编号，注明责任人。

4. 在总配电箱、分配电箱及塔吊处均作重复接地，且接地电阻小于 10Ω。采用焊接或压接的方式连接；在所有电路末端均采用重复接地。

5. 电箱内所配置的电闸、漏电、熔丝荷载必须与设备额定电流相等。不使用偏大或偏小额定电流的电熔丝，严禁使用金属丝代替电熔丝。

6. 配电房、重要电气设备及库房等均应配备灭火器及砂箱等，配电房房门向外开启，户外开关箱及设置要有防雨措施。

复 习 思 考 题

1. 脚手架的安全防护措施有哪些内容？

2. 脚手架上的荷载是如何规定的？

3. 砌筑工程中对安全网的搭设有哪些规定？

4．砌筑工程中的应注意哪些安全防护问题？

5．砖墙主体砌筑时，应如何做好"四口、五临边"的防护？

6．施工现场对机械安全防护有哪些规定？

7．施工现场对用电安全防护有哪些规定？

8．对进入施工现场的人员安全防护有哪些规定？

单元 8　砌体结构季节性施工

知 识 点：砌体结构冬期施工的准备工作、施工方法和要求，雨期施工及夏期施工的措施。

教学目标：掌握砌体结构冬期施工的准备工作，外加剂法和冻结法的施工方法和要求，掌握砌体结构雨期施工及夏期施工的措施。了解砌体结构冬期施工的概念、特点。

我国地域广阔，东西南北各地的气温相差很大，很多地区受内陆和海上高低压及季风交替影响，气候变化较大。在东北、华北、西北、青藏高原地区的许多省份处于亚温带地区，每年冬期持续时间长达 3~6 个月之久，在工程建设中，为加快工程进度，都不可避免地要进行冬期施工。东南、华南沿海一带，受海洋暖湿气流影响，雨水频繁，并伴有台风、暴雨和潮汛。冬期的低温和雨期的降水，给施工带来很大的困难，常规的施工方法已不能适应。在冬期和雨期施工时，除了在施工中要严格执行国家的有关标准、规范、规程外，冬雨期的施工质量决不可忽视，必须从当地的具体条件出发，选择合理的施工方法，制定具体的措施，确保工程质量，降低工程费用。

课题 1　砌体结构冬期施工

1.1　砌体结构冬期施工的概念

当室外日平均气温连续 5d 稳定低于 5℃时，砌体工程应采取冬期施工措施。气温根据当地气象资料统计确定。冬期施工期限以外，当日最低气温低于 0℃时，也应按冬期施工的有关规定进行。

1.1.1　冬期施工的特点

冬期施工有以下特点：

(1) 冬期施工期是质量事故多发期。在冬期施工中，长时间的持续负低温、大的温差、强风、降雪和反复的冰冻，经常造成建筑施工的质量事故。据资料分析，有 2/3 的工程质量事故发生在冬期。

(2) 冬期施工质量事故发现滞后性。冬期发生质量事故往往不易觉察，到春天解冻时，一系列质量问题才暴露出来。这种事故的滞后性给处理解决质量事故带来很大的困难。

(3) 冬期施工的计划性和准备工作时间性很强。冬期施工时，常由于时间紧促，仓促施工，发生质量事故。

1.1.2　冬期施工的原则

为了保证冬期施工的质量，在选择分项工程具体的施工方法和拟定施工措施时，必须遵循下列原则：

确保工程质量；经济合理，使增加的措施费用最少；所需的热源及技术措施材料有可靠的来源，并使消耗的能源最少；工期能满足规定要求。

砌筑工程的冬期施工最突出的一个问题就是砂浆遭受冻结，砂浆遭受冻结后会产生如下一些的现象：

(1) 使砂浆的硬化暂时停止，并且不产生强度，失去了胶结作用。

(2) 砂浆塑性降低，使水平灰缝和垂直灰缝的紧密度减弱。

(3) 解冻的砂浆，在上层砌体的重压下，可能引起不均匀沉降。

因此，在冬期砌筑时，为了保证墙体的质量，必须采取有效措施，控制雨、雪、霜对墙体材料（砖、砂、石灰等）侵袭，对各种材料集中堆放，并采取保温措施。冬期砌筑时主要就是解决砂浆遭受冻结或者是使砂浆在负温下亦能增长强度问题，满足冬期砌筑施工要求。

1.1.3 冬期施工的准备工作

为了保证冬期施工的质量，砌筑工程在冬期施工前应作好以下准备工作：

(1) 搜集有关气象资料作为选择冬期施工技术措施的依据。

(2) 进入冬期施工前一定要编制好冬期施工技术文件，它包括：

1) 冬期施工方案：

① 冬期施工生产任务安排及部署。根据冬期施工项目、部位，明确冬期施工中前期、中期、后期的重点及进度计划安排。

② 根据冬期施工项目、部位列出可考虑的冬期施工方法及执行的国家有关技术标准文件。

③ 热源、设备计划及供应部署。

④ 施工材料（保温材料、外加剂等）计划进场数量及供应部署。

⑤ 劳动力计划。

⑥ 冬期施工人员的技术培训计划。

⑦ 工程质量控制要点。

⑧ 冬期施工安全生产及消防要点。

2) 施工技术措施：

① 工程任务概况及预期达到的生产指标。

② 工程项目的实物量和工作量，施工程序，进度安排。

③ 分项工程在各冬期施工阶段的施工方法及施工技术措施。

④ 施工现场准备方案及施工进度计划。

⑤ 主要材料、设备、机具和仪表等到需用量计划。

⑥ 工程质量控制要点及检查项目、方法。

⑦ 冬期安全生产和防火措施。

⑧ 各项经济技术控制指标及节能、环保等措施。

(3) 凡进行冬期施工的工程项目，必须会同设计单位复核施工图纸，核对其是否能适应冬期施工要求，如有问题应及时提出并修改设计。

(4) 根据冬期施工工程量，提前准备好施工的设备、机具、材料及劳动防护用品。

(5) 冬期施工前对配制外掺剂的人员、测温保温人员、锅炉工等，应专门组织技术培训，经考试合格后方准上岗。

砌筑工程的冬期施工方法有外加剂法、冻结法和暖棚法等。

砌筑工程的冬期施工应以外加剂法为主。对保温、绝缘、装饰等方面有特殊要求的工程，可采用冻结法或其他施工方法。

1.2 外 加 剂 法

冬期砌筑采用外加剂法时，可使用氯盐或亚硝酸钠等盐类外加剂拌制砂浆。掺入盐类外加剂拌制的水泥砂浆、水泥混合砂浆等称为掺盐砂浆。采用这种砂浆砌筑的方法称为掺外加剂法。氯盐应以氯化钠为主。当气温低于 –15℃时，也可与氯化钙复合使用。

1.2.1 外加剂法的原理

外加剂法是在砌筑砂浆内掺入一定数量的抗冻剂，来降低水的冰点，以保证砂浆中有液态水存在，使水泥水化反应能在一定负温下进行，砂浆强度在负温下能够继续缓慢增长；同时，由于降低了砂浆中水的冰点，砌体的表面不会立即结冰而形成冰膜，故砂浆和砌体能较好的粘结。

1.2.2 外加剂法的适用范围

外加剂法具有施工方便、费用低等优点，因此，在砌体工程冬期施工中被普遍使用。外加剂法又以掺盐砂浆法为主。但是，由于氯盐砂浆吸湿性大，使结构保温性能和绝缘性能下降，并有析盐现象产生等。对下列有特殊要求的工程不允许采用掺盐砂浆法施工：

(1) 对装饰工程有特殊要求的建筑物；

(2) 使用湿度大于80％的建筑物；

(3) 配筋、钢埋件无可靠的防腐处理措施的砌体；

(4) 接近高压电线的建筑物（如变电所、发电站等）；

(5) 经常处于地下水位变化范围内，以及在地下未设防水层的结构。

对于这一类不能使用掺有氯盐砂浆的砌体，可选择亚硝酸钠、碳酸钾等盐类作为砌体冬期施工的抗冻剂。

1.2.3 对砌筑材料的要求

砌体工程冬期施工所用材料应符合下列规定：

(1) 石灰膏、电石膏等应防止受冻，如遭冻结，应经融化后使用；

(2) 拌制砂浆用砂，不得含有冰块和大于10mm的冻结块；

(3) 砌体用砖或其他块材不得遭水浸冻；

(4) 砌筑用砖、砌块和石材在砌筑前，应清除表面冰雪、冻霜等；

(5) 拌制砂浆宜采用两步投料法。水的温度不得超过80℃，砂的温度不得超过40℃；

(6) 砂浆宜优先采用普通硅酸盐水泥拌制。冬期砌筑不得使用无水泥拌制的砂浆。

1.2.4 砂浆的配制及砌筑施工工艺

(1) 砂浆的配制

掺盐砂浆配制时，应按不同负温界限控制掺盐量。当砂浆中氯盐掺量过少，砂浆内会出现大量冻结晶体，水化反应极其缓慢，会降低早期强度。如果氯盐掺量大于10％，砂浆的后期强度会显著降低，同时导致砌体析盐量过大，增大吸湿性，降低保温性能。当气温过低时，可掺用双盐（氯化钠和氯化钙同时掺入）来提高砂浆的抗冻性。不同气温时掺盐砂浆规定的掺盐量见表 8-1。

氯盐外加剂掺量（占用水重量%） 表 8-1

氯盐及砌体材料种类		日 最 低 气 温（℃）			
		≥ − 10	− 11 ~ − 15	− 16 ~ − 20	− 21 ~ − 25
氯化钠（单盐）	砖、砌块	3	5	7	—
	砌 石	4	7	10	—
氯化钠	砖、砌石	—	—	5	7
氯化钙		—	—	2	3

注：掺盐量以无水盐计。

冬期施工砂浆试块的留置，除应按常温规定要求外，尚应增留不少于 1 组与砌体同条件养护的试块，测试检验 28d 强度。

砌筑时掺盐砂浆温度使用不应低于 5℃。当设计无要求，且最低气温等于或低于 −15℃时，砌筑承重砌体砂浆强度等级应按常温施工提高 1 级；同时应以热水搅拌砂浆；当水温超 60℃时，应先将水和砂拌合，然后再投放水泥。

在氯盐砂浆中掺加微沫剂时，应先加氯盐溶液后加微沫剂溶液。搅拌的时间应比常温季节增加一倍。拌合后砂浆就注意保温。

外加剂溶液应设专人配制，并应先配制成规定浓度溶液置于专用容器中，然后再按规定加入搅拌机中拌制成所需砂浆。

（2）砌筑施工工艺

掺盐砂浆法砌筑砖砌体，应采用"三一"砌砖法进行砌筑，要求砌体灰浆饱满，灰缝厚度均匀，水平缝和垂直缝的厚度和宽度应控制在 8 ~ 10 mm。

冬期砌筑的砌体，由于砂浆强度增长缓慢，则砌体强度较低。如果一个班次砌体砌筑高度较高，砂浆尚无强度，风荷载稍大时，作用在新砌筑的墙体上易使所砌筑的墙体倾斜失稳或倒塌。冬期墙体采用氯盐砂浆施工时，每日砌筑高度不宜超过 1.2m，墙体留置的洞口，距交接墙处不应小于 500mm。

普通砖、多孔砖和空心砖、混凝土小型空心砌块、加气混凝土砌块和石材在气温高于 0℃条件下砌筑时，应浇水湿润。在气温低于 0℃条件下，可不浇水，但必须适当增大砂浆的稠度。抗震设计裂度为 9 度的建筑物，普通砖和空心砖无法浇水湿润时，无特殊措施，不得砌筑。

采用掺盐砂浆法砌筑砌体时，在砌体转角处和内外墙交接处应同时砌筑，对不能同时砌筑而又必须留置的临时间断处，应砌成斜槎，砌体表面不应铺设砂浆层，宜采用保温材料加以覆盖。继续施工前，应先用扫帚扫净砖表面，然后再施工。

采用氯盐砂浆时，砌体中配置的钢筋及钢预埋件，应预先做好防腐处理。目前较简单的处理方法有：涂刷樟丹 2 ~ 3 遍；浸涂热沥青；涂刷水泥浆；涂刷各种专用的防腐涂料。处理后的钢筋及预埋件应成批堆放。搬运堆放时，轻拿轻放，不得任意摔扔，防止防腐涂料损伤掉皮。

1.3 冻 结 法

1.3.1 冻结法的原理

冻结法是采用不掺任何防冻剂的普通砂浆进行砌筑的一种施工方法。冻结法施工的砌体，允许砂浆遭受冻结，用冻结后产生的冻结强度来保证砌体稳定，融化时砂浆强度为零或接近于零，转入常温后砂浆解冻使水泥继续水化，砂浆强度再逐渐增长。

1.3.2 冻结法施工的适用范围

冻结法施工的砂浆，经冻结、融化和硬化三个阶段后，砂浆强度、砂浆与砖石砌体间的粘结力都有不同程度的降低。砌体在融化阶段，由于砂浆强度接近于零，将增加砌体的变形和沉降，严重影响砌体的稳定性。所以对下列结构不宜选用冻结法施工：空斗墙、毛石墙、承受侧压力的砌体、在解冻期间可能受到振动或动力荷载的砌体、在解冻期间不允许发生沉降的砌体（如筒拱支座）。

1.3.3 对砂浆的要求

冻结法施工砂浆的使用温度不应低于 10℃；当设计无要求时，且日最低气温高于 –25℃时，对砌筑承重砌体的砂浆强度等级应按常温施工时提高一级；当日最低气温等于或低于 –25℃时，则应提高二级。砂浆强度等级不得小于 M2.5，重要结构其等级不得小于 M5。

采用冻结法砌筑时，砂浆使用最低温度应符合表 8-2。

冻结法砌筑时砂浆最低温度   表 8-2

室外空气温度（℃）	砂浆最低温度（℃）	室外空气温度（℃）	砂浆最低温度（℃）
0 ~ – 10	10	低于 – 25	20
– 11 ~ – 25	15		

1.3.4 砌筑施工工艺

采用冻结法施工时，应按照"三一"砌筑方法砌筑，对于房屋转角处和内外墙交接处的灰缝应特别仔细砌合。砌筑时一般应采用一顺一丁的方法组砌。采用冻结法施工的砌体，在解冻期内应制定观测加固措施，并应保证对强度、稳定和均匀沉降要求。在验算解冻期的砌体强度和稳定时，可按砂浆强度为零进行计算。

采用冻结法施工，当设计无规定时，宜采取下列构造措施：

在楼板水平面位置墙的拐角、交接和交叉处应配置拉结筋，并按墙厚计算，每 120mm 配 1φ6。其伸入相邻墙内的长度不得小于 1m。在拉结筋末端应设置弯钩。每一层楼的砌体砌筑完毕后，应及时吊装（或捣制）梁、板，并应采取适当的锚固措施。采用冻结法砌筑的墙，与已经沉降的墙体交接处，应留沉降缝。

为保证砌体在解冻期间的稳定性和均匀沉降，施工操作时应遵守下列规定：

施工应按水平分段进行，工作段宜划在变形缝处。每日的砌筑高度及临时间断处的高度差，均不得大于 1.2m。对未安装楼板或屋面板的墙体，特别是山墙，应及时采取加固措施，以保证墙体稳定。跨度大于 0.7m 的过梁，应采用预制构件。跨度较大的梁、悬挑结构，在砌体解冻前应在下面设临时支撑，当砌体强度达到设计值的 80% 时，方可拆除临时支撑。在门窗框上部应留出缝隙，其宽度在砖砌体中不应小于 5mm，在料石砌体中不应小于 3mm。留置在砌体中的洞口和沟槽等，宜在解冻前填砌完毕。砌筑完的砌体在解冻前，应清除房屋中剩余的建筑材料等临时荷载。

1.3.5 砌体的的解冻

采用冻结法施工时，砌体在解冻期应采取下列安全稳定措施：

（1）应将楼板平台上设计和施工规定以外的荷载全部清除。

（2）在解冻期内暂停房屋内部施工作业，砌体上不得有人员任意走动，附近不得有振动的施工作业。

（3）在解冻前应在未安装楼板或屋面板的墙体处、较高大的山墙处、跨度较大的梁及悬挑结构部位及独立的柱安设临时支撑。

（4）在解冻期经常注意检查和观测工作。在开冻前需进行检查，开冻过程中应组织观测。如发现裂缝、不均匀下沉等情况，应分析原因并立即采取加固措施。在解冻期进行观测时，应特别注意多层房屋的柱和窗间墙、梁端支撑处、墙交接处和过梁模板支承处。此外，还必须观测砌体沉降的大小、方向和均匀性及砌体灰缝内砂浆的硬化情况。观测一般需要 15d 左右。

1.4 砌体结构冬期施工的其他施工方法简介

对有特殊要求的工程冬期施工可供选用的其他施工方法还有：暖棚法、快硬砂浆法等。

1.4.1 暖棚法

暖棚法是利用简易结构和廉价的保温材料，将需要砌筑的工作面临时封闭起来，使砌体在正温条件下砌筑和养护。

采用暖棚法施工，块材在砌筑时的温度不应低于 5℃，距离所砌的结构底面 0.5m 处的棚内温度也不应低于 5℃。

在暖棚内的砌体养护时间，应根据暖棚内温度，按表 8-3 确定。

暖棚法砌体的养护时间 表 8-3

暖棚的温度（℃）	5	10	15	20
养护时间（d）	≥6	≥5	≥4	≥3

由于搭暖棚需要大量的材料、人工，加温时要消耗能源，所以暖棚法成本高、效率低，一般不宜多用。主要适用于地下室墙、挡土墙、局部性事故修复工程的砌筑工程。

1.4.2 快硬砂浆法

快硬砂浆法是用快硬硅酸盐水泥、加热的水和砂拌合制成的快硬砂浆，在受冻前能比普通砂浆获得较高的强度。适用于热工要求高、湿度大于 60％及接触高压输电线路和配筋的砌体。

课题 2 砌体结构雨期施工措施

雨期施工时，气候闷热而潮湿，砖内本身含有大量水分，又兼雨水淋袍，给砌体砌筑带来较大困难。水分过大的砖砌到墙上后，砖体内的水分溢出，使砂浆产生流淌，砌体在自重的影响下容易产生滑动，影响砌体结构质量。所以在雨期施工时，对进场砖块应加遮盖，适当减少砂浆的稠度；施工现场重点应解决好截水和排水问题。截水是在施工现场的上游设截水沟，阻止场外水流入施工现场。雨期施工时排水是在施工现场内合理规划排水系统，并修建排水沟，使雨水按要求排至场外，同时应注意排除场地积水，以免积水浸入砖块内。

2.1 雨期施工的特点、要求和准备工作

雨期施工以防雨、防台、防汛为对象，做好各项准备工作。

2.1.1 雨期施工特点

（1）雨期施工的开始具有突然性。由于暴雨山洪等恶劣气象往往不期而至，这就需要雨期施工的准备和防范措施及早进行。

（2）雨期施工带有突击性。因为雨水对建筑结构和地基基础的冲刷或浸泡具有严重的破坏性，必须迅速及时地防护，才能避免给工程造成损失。

（3）雨期往往持续时间很长，阻碍了工程（主要包括土方工程、屋面工程等）顺利进行，拖延工期。对这一点应事先有充分估计并作好合理安排。

2.1.2 雨期施工的要求

（1）编制施工组织计划时，要根据雨期施工的特点，将不宜在雨期施工的分项工程提前或拖后安排。对必须在雨期施工的工程应制定有效的措施，进行突击施工。

（2）合理进行施工安排。做到晴天抓紧室外工作，雨天安排室内工作，尽量缩小雨天室外作业时间和工作面。

（3）密切注意气象预报，做好抗台防汛等准备工作，必要时应及时加固在建的工程。

（4）做好建筑材料防雨防潮工作。

2.1.3 雨期施工准备

（1）现场排水。施工现场的道路、设施必须做到排水畅通，尽量做到雨停水干。要防止地面水排入地下室、基础、地沟内。要做好对危石的处理，防止滑坡和塌方。

（2）应做好原材料、成品、半成品的防雨工作。水泥应按"先到先用、后到后用"的原则，避免久存受潮而影响水泥的性能。木门窗等易受潮变形的半成品应在室内堆放，其他材料也应注意防雨及材料堆放场地四周排水。

（3）在雨期前应做好施工现场房屋、设备的排水防雨措施。

（4）备足排水需用的水泵及有关器材，准备适量的塑料布、油毡等防雨材料。

（5）修建排水沟，水沟的横断面和纵向坡度应按照施工期最大流量确定。一般水沟的横断面不小于 0.5m×0.5m，纵向坡度一般不小于 0.3%，平坦地区不小于 0.2%。

2.2 雨期砌体工程施工工艺要求

（1）砖在雨期必须集中堆放，不宜浇水。砌墙时要求干湿砖块合理搭配。砖湿度较大时不可上墙。砌筑高度不宜超过 1.2m。

（2）雨期遇大雨必须停工。砌体停工时应在砖墙顶盖一层干砖，避免大雨冲刷灰浆。大雨过后受雨冲刷过的新砌墙体应翻砌最上面两皮砖。

（3）稳定性较差的窗间墙、独立砖柱，应加设临时支撑或及时浇筑圈梁，以增加墙体稳定性。

（4）砌体施工时，内外墙要尽量同时砌筑，并注意转角及丁字墙间的搭接。遇台风时，应在与风向相反的方向加临时支撑，以保持墙体的稳定。

（5）雨后继续施工，须复核已完工砌体的垂直度和标高。

课题 3 砌体结构夏期施工措施

夏期气温较高，空气相对较干燥，砂浆和砌体中的水分蒸发较快，容易使砌体脱水，使砂浆的粘结强度降低，为此应做到以下几点：

（1）砖要浇水润湿

在平均气温高于 5℃时，砖应该浇水润湿，夏期更要注意砖的浇水润湿，使水渗入砖的深度达到 20mm。使用前，应对砖的表面再洒一次水，特别是脚手架及楼面上的砖存放过夜后，应在使用前洒水湿润。

（2）砂浆的配制

夏期砌体砌筑时，为了保证砌体的质量，砂浆拌制时可采取以下措施：

1）加大施工砂浆的稠度，砂浆砌筑的稠度在夏期施工时可增大到 80~100mm；

2）在砂浆内掺加微沫剂、缓凝剂等外加剂，但掺入量和掺法应经试验确定。

（3）砂浆的使用

拌制好的砂浆，如施工时最高气温超过 30℃应控制在 2h 内用完。

（4）砌体的养护

实验证明，在高温干燥季节施工的砌体如不浇水进行养护，其砂浆最后强度只能达到设计强度的 50%。因此，在干热季节施工时，砌体应浇水养护。一般上午砌筑的砌体下午就应该养护。养护方法可用水适当浇淋养护，或将草帘浇湿后遮盖养护。

复 习 思 考 题

1. 砌体冬期施工起止时间是如何规定的？
2. 砌体冬期施工应遵守哪些原则？
3. 何为外加剂法？外加剂法施工中应注意哪些问题？
4. 外加剂法对氯盐掺量有何要求？
5. 何为冻结法？冻结法施工对砂浆使用温度有何要求？
6. 冻结法施工在砌体解冻期应注意哪些问题？
7. 砌体雨期施工有哪些特点和要求？
8. 砌体夏期施工有哪些特点和要求？

参 考 文 献

1. 姚谨英主编. 建筑施工技术. 第二版. 北京：中国建筑工业出版社，2003

2. 丁天庭主编. 建筑结构. 北京：高等教育出版社，2003

3. 陶红林主编. 建筑结构. 北京：化学工业出版社，2002

4. 房屋建筑工程管理与实务编委会编写. 房屋建筑工程管理与实务. 北京：中国建筑工业出版社，2004

5. 建筑结构设计手册丛书编委会. 砌体结构设计手册. 北京：中国建筑工业出版社，2004

6. 施岚青主编. 一、二级注册结构工程师专业考试. 北京：中国建筑工业出版社，2001

7. 实用建筑结构设计手册编写组编. 实用建筑结构设计手册. 北京：中国机械工业出版社，2004

8. 中国建筑西南设计研究院主编. 民用建筑结构构件. 西南地区建筑标准设计协作办公室出版，1997

9. 何斌，陈锦昌，陈炽坤主编. 建筑制图. 北京：高等教育出版社，2002

10. 吴运华，高远主编. 建筑制图与识图. 武汉：武汉理工大学出版社，2003